A conserver

$\sqrt{987}$
$+3$

(c

6956

CONSIDÉRATIONS

SUR LA

THÉORIE MATHÉMATIQUE

DU JEU.

CONSIDÉRATIONS

SUR LA

THÉORIE MATHÉMATIQUE

DU JEU.

PAR A. M. AMPÈRE, de l'Athénée de Lyon, et de la Société d'Émulation et d'Agriculture du département de l'Ain, Professeur de Physique à l'École centrale du même département.

À LYON,

Chez les FRÈRES PÉRISSE, Imprimeurs - Libraires, Grande rue Mercière, n.º 15.

ET se trouve à PARIS;

Chez la veuve PÉRISSE, Libraire, rue S.t-André-des-Arts, n.º 84.

ET chez DUPRAT, Libraire, quai des Augustins, n.º 71.

An II. — 1802.

CONSIDÉRATIONS

S U R

LA THÉORIE MATHÉMATIQUE

D U J E U.

1. Plusieurs Écrivains, parmi lesquels on doit distinguer le célèbre Dussaulx, ont eu recours à l'expérience pour prouver que la passion du jeu conduit ceux qui s'y livrent à une ruine inévitable. L'ensemble des faits qu'ils ont réunis, suffit sans doute, pour convaincre tout homme impartial; mais les joueurs y font peu d'attention, parce qu'ils s'accoutument à ne voir que l'effet du hasard dans les événemens les plus propres à leur faire connaître toute l'étendue des dangers où ils se précipitent. Ces événemens feraient peut-être plus d'impression sur leur esprit, si on leur démontrait qu'ils doivent les considérer comme une suite nécessaire de la combinaison des chances, et qu'ils ne peuvent éviter les mêmes malheurs qu'en cessant de s'y exposer. Tel fut, sans doute, le motif qui engagea l'illustre Buffon, cet auteur dont les erreurs mêmes portent l'empreinte du génie, à examiner cette question sous un point de vue purement mathématique dans son essai d'arithmétique morale.

2. On trouve dans cet ouvrage des idées qui auraient dû conduire l'auteur aux vrais principes de la théorie générale du jeu, qu'on ne doit point confondre avec la théorie des différens jeux considérés chacun en particulier. Celle-ci a été l'objet des recherches d'un grand nombre de Mathématiciens, qui lui ont donné toute la perfection dont elle était susceptible : la première ne me paraît avoir été soupçonnée que par Buffon. Je crois indispensable de citer ici quelques passages, où il pose les premiers fondemens de cette nouvelle théorie, de la manière la plus claire et la plus précise. « On sait en » général que le jeu est une passion avide dont l'habitude est ruineuse, » mais cette vérité n'a peut-être jamais été démontrée que par une triste » expérience, sur laquelle on n'a pas assez réfléchi pour se corriger par » la conviction. Un joueur dont la fortune exposée chaque jour aux coups

A

» du hasard, se mine peu à peu, et se trouve enfin nécessairement
» détruite, n'attribue ses pertes qu'à ce même hasard qu'il accuse d'in-
» justice . . . . dans son désespoir il s'en
» prend à son étoile malheureuse ; il n'imagine pas que cette aveugle
» puissance, la fortune du jeu, marche à la vérité d'un pas indifférent et
» incertain, mais qu'à chaque démarche elle tend néanmoins à un but, et
» tire à un terme certain, qui est la ruine de ceux qui la tentent. Il ne
» voit pas que l'indifférence apparente qu'elle a pour le bien et pour le
» mal, produit avec le temps la nécessité du mal ; qu'une longue suite de
» hasards est une chaîne fatale dont le prolongement amène le malheur » *.

3. Il est impossible de faire un exposé plus éloquent et plus exact des
principes qui servent de base à la théorie que nous examinons ; et si l'Auteur en eût, à l'aide du calcul, développé toutes les conséquences, le mémoire
que je présente au public n'aurait plus d'objet. Mais bientôt il abandonne
ses premières idées pour se jeter dans des hypothèses qui leur sont étrangères, et se livrant tout-à-coup à de nouvelles considérations, il cherche
seulement à prouver que deux joueurs également riches, qui jouent la
moitié de leur fortune, diminuent chacun cette fortune d'un douzième. J'avoue
que la somme qu'on hasarde au jeu, produit en général moins d'avantages
à celui qui la gagne, que de privations à celui qui la perd : mais je ne
crois pas que cette différence établisse entre la valeur réelle de la somme
perdue, et celle de la somme gagnée, qui lui est numériquement égale, le
rapport de la moitié au tiers de la fortune de chaque joueur, plutôt que
tout autre rapport. Comme s'il était possible d'évaluer ce qui dépend des
besoins de chaque joueur, de son état, du rang qu'il tient dans la société,
et des circonstances où il se trouve.

4. Lors même qu'on pourrait déterminer exactement cette différence, on
ne devrait en tenir aucun compte dans un calcul où il s'agirait d'expliquer
comment une longue suite de hasards est une chaîne fatale qui entraîne
nécessairement au malheur, puisque les sommes perdues n'approchent pas
plus la ruine du joueur que les sommes gagnées ne l'éloignent, et que les
effets qui en résultent se détruisent mutuellement quand ces sommes sont
égales.

5. Je me suis donc décidé à ne faire entrer dans le calcul que les valeurs
absolues des sommes jouées, comme on le fait constamment dans la théorie
ordinaire des probabilités : j'ai trouvé de cette manière des résultats assez
différens de ceux de Buffon, mais sur lesquels je ne crois pas que les
démonstrations suivantes puissent laisser le moindre doute. J'ai banni de ces
démonstrations les méthodes d'induction, dont on fait, à ce qu'il semble,
trop d'usage dans la théorie des probabilités, et dans celle des séries ; le désir
de n'y employer que des preuves directes, m'a obligé d'avoir recours à des
formules que je crois nouvelles, et qu'on trouvera dans ce mémoire. Ces

---

* Essai d'arithm. morale, art. XII.

formules pourront devenir très-utiles pour différentes recherches de calcul; elles paraissent sur-tout propres à fournir les moyens les plus simples et les plus directs qu'on puisse employer pour démontrer plusieurs théorêmes importans, qui ne l'ont point encore été complettement *.

6. Voici les principaux résultats auxquels j'ai été conduit, et dont la démonstration est l'objet de ce mémoire : 1°. en écartant les considérations morales qui font varier la valeur de l'argent, suivant les circonstances où se trouvent les joueurs, il ne saurait y avoir aucun désavantage à jouer à fjeu égal contre un adversaire également riche, puisque l'un ne peut rien perdre que l'autre ne gagne, et que tout est égal de part et d'autre; 2°. la même chose a lieu entre deux joueurs, de fortunes inégales, s'ils sont décidés à ne faire qu'un nombre de parties déterminé, et assez petit pour que ni l'un ni l'autre ne puisse être dans le cas de perdre tout ce qu'il possède; 3°. il n'en est pas de même lorsqu'il s'agit d'un nombre indéfini de parties : la possibilité de tenir le jeu plus long-temps, donne au plus riche des deux joueurs un avantage d'autant plus grand qu'il y a plus de différence entre leurs fortunes; 4°. cet avantage deviendrait infini, si l'une des fortunes pouvait l'être, le joueur le moins riche serait alors sûr de se ruiner, et c'est pour cela que c'est courir à une ruine certaine, que de jouer indifféremment contre tous ceux qui se rencontrent dans la société : on doit en effet, dans la théorie, les considérer comme un seul adversaire dont la fortune serait infinie. Mais comme il en pourrait résulter quelqu'obscurité, je vais commencer par traiter ce cas indépendamment de celui où l'on suppose que ce sont les deux mêmes joueurs qui jouent toujours l'un contre l'autre; et pour ne rien laisser à desirer à cet égard, j'examinerai d'abord ce qu'on doit entendre dans la théorie des probabilités par la certitude morale, la seule dont il soit ici question.

7. En représentant, comme on le fait ordinairement, par l'unité la certitude absolue, celle par exemple qui résulte d'une démonstration rigoureuse, on pourra regarder comme une certitude morale toute fraction variable qui, sans devenir jamais égale à l'unité, peut en approcher d'assez près pour surpasser toute fraction déterminée. C'est ainsi qu'un homme est moralement certain d'amener un sonnet en jouant toute sa vie au tric-trac, quoique la probabilité de cet événement ne soit que $\frac{1}{36}$ au premier coup, $\frac{1}{36} + \frac{35}{36.36}$ dans les deux premiers coups, $\frac{1}{36} + \frac{35}{36.36} + \frac{35.35}{36.36.36}$ dans les trois premiers, et ainsi de suite : il est aisé de voir que ces différentes sommes de probabilités, ne peuvent jamais devenir égales à l'unité dont elles approchent de plus en plus, jusqu'à n'en différer que d'une quantité moindre que toute fraction donnée **.

---

* Voyez l'appendice à la fin de ce mémoire.

** Cela se démontre immédiatement à l'aide de la formule que nous donnerons ci-après (41), en y supposant $q = \frac{1}{35}$, afin qu'on ait $\frac{1}{1+q} = \frac{35}{36}$, et $\frac{q}{1+q} = \frac{1}{36}$.

8. Toutes les fois que rien ne borne le nombre des coups où un événement peut arriver, la probabilité de cet événement augmente nécessairement avec le nombre des coups : mais d'après ce que nous venons de dire, on doit sur-tout s'attacher à distinguer le cas où cette augmentation tend vers une limite déterminée, de celui où elle n'a point d'autre limite que la certitude ; ce qui rend l'événement moralement certain, en supposant toujours le nombre des coups indéterminé.

9. Le sujet que nous traitons peut fournir des exemples de l'un et de l'autre cas : nous venons (7.) d'en indiquer un de celui où la somme des probabilités peut approcher de la certitude d'aussi près que l'on veut ; pour en donner un du cas où cette somme ne peut augmenter qu'en restant constamment au dessous d'une certaine limite, il suffit de considérer celui où deux joueurs, également riches, jouent à jeu égal l'un contre l'autre, jusqu'à ce que l'un d'eux soit ruiné.

10. Il est aisé de voir que rien alors ne détermine le nombre des parties que feront les deux joueurs, et que la probabilité que l'un d'eux se ruinera, augmentera avec le nombre des parties, sans pouvoir cependant surpasser jamais la limite $\frac{1}{2}$, puisque ce joueur ne peut se ruiner s'il arrive au contraire qu'il ruine son adversaire, événement aussi probable que l'autre, lorsque tout, comme on le suppose ici, est égal entre les deux joueurs. *

11. L'homme qui se livre à l'amour du jeu, ne met certainement aucune borne au nombre des parties qu'il jouera ; il sait qu'il peut se ruiner, et que la probabilité de cet événement deviendra d'autant plus grande qu'il jouera plus de parties ; il regarde cependant cette probabilité comme assez petite, pour ne devoir lui inspirer que de faibles inquiétudes ; en sorte qu'il croit être, à cet égard, dans le premier des deux cas dont nous venons de parler, et dont il a un sentiment confus, semblable à celui qu'ont tous les joueurs des principaux points de la théorie des probabilités. Quel serait son étonnement, s'il savait qu'il est au contraire dans le second, et que cette probabilité, bien-loin d'être aussi petite qu'il l'imagine, devient assez grande, après un nombre suffisant de parties, pour surpasser toute probabilité donnée ; la démonstration qu'on trouvera ici de la vérité de cette assertion, repose sur une des propositions fondamentales de la théorie des séries, savoir : *Qu'en sommant une série convergente, dans la supposition que le nombre de ses termes est infini, on trouve toujours une limite dont les sommes formées des termes consécutifs de la même série, peuvent approcher de manière à n'en différer que d'une quantité moindre que toute quantité donnée.* Je ne pourrais m'occuper ici de l'examen de cette proposition, admise par tous les mathématiciens, sans sortir des bornes de mon sujet ; mais comme il me semble qu'il manque

---

* En appliquant à ce cas particulier les formules démontrées dans ce mémoire, nous ferons voir (76.) que $\frac{1}{2}$ est en effet la limite de cette probabilité.

encore quelque chose aux démonstrations qu'on en a données jusqu'à présent, je renverrai à cet égard à un ouvrage sur les séries, auquel le professeur de mathématiques de l'école centrale du département de l'Ain et moi, travaillons de concert, et qui sera probablement bientôt publié. On trouvera dans cet ouvrage de nouvelles recherches sur différens points de la théorie des séries, et des démonstrations directes et générales des théorêmes qui en dépendent, particulierement de ceux qui n'ont été encore démontrés que d'une manière vague, ou par induction.

12. Pour déterminer la limite des probabilités contraires au joueur, dans le cas que nous examinons, il faut d'abord trouver le terme général de la serie qui les comprend toutes, c'est-à-dire, la probabilité que le joueur se ruinera à la dernière d'un nombre quelconque de parties. Supposons, pour simplifier le calcul, que la somme jouée est la même à chaque partie, et qu'elle est une aliquote exacte de la fortune qu'a le joueur en entrant au jeu. Ces deux suppositions ne sont certainement point d'accord avec ce que font ordinairement les joueurs; mais comme le calcul, si l'on ne les admettait pas, serait trop compliqué pour qu'on pût en tirer aucun résultat satisfaisant, il est d'autant plus à propos de les adopter que l'on peut toujours trouver une aliquote exacte de la fortune du joueur, moindre que les différentes sommes qu'il risque à chaque partie, et que si l'on démontre alors qu'il doit nécessairement se ruiner, on pourra en conclure, à plus forte raison, qu'il se ruinera en hasardant à chaque partie des sommes plus considérables.

13. Représentons par m le nombre de fois que cette aliquote est contenue dans la fortune primitive du joueur: puisqu'il ne risque dans cette hypotèse que $\frac{1}{m}$ de sa fortune à chaque partie, il est évident qu'il ne pourra se trouver ruiné avant la partie dont le rang est désigné par m: pour qu'il le fût en effet à cette partie, il faudrait qu'il la perdît après avoir perdu toutes les précédentes; s'il en gagne une et qu'il perde toutes les autres, il ne se trouvera ruiné qu'après $m + 2$ parties; s'il en gagne une seconde, il ne pourra plus l'être qu'en perdant $m + 2$, ce qui suppose nécessairement $m + 4$ parties; et il est aisé de voir qu'en général p désignant un nombre quelconque, il faudra pour qu'il ne reste rien au joueur que le nombre de toutes les parties soit $m + 2p$, le nombre des parties qu'il gagne p, et celui des parties qu'il perd $m + p$.

14. Soit $q : 1$ le rapport qui se trouve à chaque partie entre les chances qui sont favorables au joueur et celles qui lui sont contraires, en sorte que $q = 1$ quand il joue au pair, et qu'on ait par exemple $q = \frac{8}{3}$, si d'après la nature et les conditions du jeu, il doit gagner en général 8 parties sur 11. La certitude étant à l'ordinaire représentée par l'unité, la probabilité que le joueur gagnera une partie, le sera par la fraction $\frac{q}{1+q}$, et la probabilité qu'il la perdra par $\frac{1}{1+q}$. Si l'on veut avoir la probabilité

que p parties gagnées, et $m + p$ parties perdues se succéderont dans un ordre déterminé, il faudra faire le produit de p facteurs égaux à $\frac{q}{1+q}$, et de $m + p$ facteurs égaux à $\frac{1}{1+q}$, ce qui donnera $\frac{q^p}{(1+q)^{m+2p}}$.

15. Cette probabilité est la même pour tous les arrangemens qu'on peut imaginer entre ces parties gagnées et perdues, et comme ils sont absolument indépendans les uns des autres, il est évident que la probabilité que nous venons de trouver doit être multipliée par le nombre de ces arrangemens, en observant de faire abstraction de ceux qui n'auraient pas permis au joueur de parvenir à la partie que nous considérons, en le privant de toute sa fortune dès les parties précédentes. Soit $m + 2r$ le rang d'une de ces parties, r étant plus petit que p, il faudra rejeter tous les arrangemens de p parties gagnées, et de $m + p$ parties perdues, dont les $m + 2r$ premieres parties renfermeraient r parties gagnées, et $m + r$ parties perdues, parce que ce sont précisément ces arrangemens qui auraient ruiné le joueur après $m + 2r$ parties.

16. Sans cette condition le nombre des arrangemens serait

$$\frac{m + 2p}{1} \cdot \frac{m+2p-1}{2} \cdot \frac{m+2p-2}{3} \cdots \cdots \frac{m+p+1}{p};$$

pour savoir ce qu'il devient dans le cas présent, exprimons en général par $A^{(t)}$ le nombre des arrangemens d'un nombre quelconque t de parties, qui amènent la ruine du joueur à la dernière de ces t parties, sans l'avoir amenée à aucune des précédentes, les parenthèses qui accompagnent le nombre t servant à désigner que ce nombre doit être considéré comme un indice et non comme un exposant. D'après cette notation le nombre dont nous cherchons la valeur sera exprimé par $A^{(m+2p)}$, et $A^{(m+2r)}$ représentera le nombre des arrangemens de r parties gagnées, et de $m + r$ parties perdues, qui auraient ruiné le joueur à une des parties précédentes, dont le rang est en général désigné par $m + 2r$, r étant toujours plus petit que p.

17. Si l'on joint $p - r$ parties gagnées, et autant de parties perdues, à chacun de ces derniers arrangemens, on en formera de p parties gagnées, et $m + p$ parties perdues, qui devront être retranchés du nombre

$$\frac{m + 2p}{1} \cdot \frac{m+2p-1}{2} \cdot \frac{m+2p-2}{3} \cdots \frac{m+p+1}{p}.$$

afin qu'après avoir donné à r toutes les valeurs possibles, en nombres entiers, depuis $r = 0$, jusqu'à $r = p - 1$, il ne reste que les arrangemens dont le nombre est désigné par $A^{(m+2p)}$.

18. Chacun des arrangemens dont nous venons de parler en donnera de cette manière un nombre exprimé par

$$\frac{2p - 2r}{1} \cdot \frac{2p-2r-1}{2} \cdot \frac{2p-2r-2}{3} \cdots \cdots \cdots \frac{p-r+1}{p-r},$$

à cause des $2p - 2r$ parties qu'il faut partager en deux groupes de $p - r$ parties chacun. On aura donc

$$\frac{2p-2r}{1} \cdot \frac{2p-2r-1}{2} \cdot \frac{2p-2r-2}{3} \ldots \frac{p-r+1}{p-r} \; A^{(m+2r)},$$

pour le nombre des arrangemens à retrancher.

19. Faisant successivement $r = p-1$, $r = p-2$, $r = p-3$, etc. On trouvera pour les différentes valeurs de l'expression précédente,

$$\frac{2}{1} A^{(m+2p-2)}, \quad \frac{4}{1} \cdot \frac{3}{2} A^{(m+2p-4)}, \quad \frac{6}{1} \cdot \frac{5}{2} \cdot \frac{4}{5} A^{(m+2p-6)}, \quad \text{etc.}$$

d'où il sera aisé de conclure que

$$A^{(m+2p)} = \frac{m+2p}{1} \cdot \frac{m+2p-1}{2} \cdot \frac{m+2p-2}{3} \ldots \ldots \frac{m+p+1}{p}$$

$$- \frac{2}{1} A^{(m+2p-2)} - \frac{4}{1} \cdot \frac{3}{2} A^{(m+2p-4)} - \frac{6}{1} \cdot \frac{5}{2} \cdot \frac{4}{3} A^{(m+2p-6)} \quad -$$

$$\cdots \cdots \cdots \cdots \cdots \cdots \cdots$$

$$\cdots \cdots \cdots \cdots \cdots \cdots \cdots$$

$$- \frac{2p-2r}{1} \cdot \frac{2p-2r-1}{2} \cdot \frac{2p-2r-2}{3} \ldots \frac{p-r+1}{p-r} A^{(m+2r)} \quad - \text{etc.}$$

On peut diviser en haut et en bas par $p - r$ le terme

$$- \frac{2p-2r}{1} \cdot \frac{2p-2r-1}{2} \cdot \frac{2p-2r-2}{3} \ldots \frac{p-r+1}{p-r} A^{(m+2r)},$$

et faire une réduction analogue dans les termes précédens, qui sont de la même forme. On changera ainsi l'équation précédente en

$$A^{(m+2p)} = \frac{m+2p}{1} \cdot \frac{m+2p-1}{2} \cdot \frac{m+2p-2}{2} \ldots \ldots \frac{m+p+1}{p}$$

$$- 2 A^{(m+2p-2)} - 2 \frac{3}{1} A^{(m+2p-4)} - 2 \frac{3}{1} \cdot \frac{4}{2} A^{(m+2p-6)} \quad - \cdots$$

$$\cdots \cdots \cdots \cdots \cdots \cdots \cdots$$

$$\cdots \cdots \cdots \cdots \cdots \cdots \cdots$$

$$- 2 \frac{2p-2r-1}{1} \cdot \frac{2p-2r-2}{2} \cdot \frac{2p-2r-3}{3} \ldots \frac{p-r+1}{p-r-1} A^{(m+2r)} \quad - \text{etc.}$$

20. Pour avoir une valeur de $A^{(m+2p)}$ indépendante des quantités $A^{(m+2p-2)}$, $A^{(m+2p-4)}$, $A^{(m+2p-6)}$ ..... $A^{(m+2r)}$, etc. On observera que le joueur ne peut se ruiner à la partie dont le rang est désigné par $m + 2p$, à moins que les $m + 2p - 1$ parties précédentes ne l'eussent réduit à n'avoir plus que $\frac{1}{m}$ de sa fortune primitive, puisque nous avons exprimé par cette fraction la somme qu'il joue à chaque partie. Il est nécessaire pour cela que sur ces $m + 2p - 1$ parties, il y en ait p gagnées, et $m + p - 1$ perdues. On voit d'ailleurs que le nombre des

arrangemens différens qu'on peut donner à ces parties, sans supposer qu'aucune d'elles ait ruiné le joueur, doit être égal à celui des arrangemens de p parties gagnées, et $m + p$ parties perdues, dont le nombre est représenté par $A^{(m+2p)}$, puisque chacun de ceux-ci se forme d'un des premiers, en y ajoutant une partie perdue. Tirons de cette consideration une valeur de $A^{(m+2p)}$ que nous puissions comparer avec la précédente.

21. Le nombre de tous les arrangemens qu'on peut faire avec $m + 2p - 1$ parties, en les supposant partagées en deux groupes, l'un de p parties gagnées, et l'autre de $m + p - 1$ parties perdues, est en général égal à

$$\frac{m+2p-1}{1} \cdot \frac{m+2p-2}{2} \cdot \frac{m+2p-3}{3} \dots \dots \dots \frac{m+p}{p},$$

ou ce qui revient au même à

$$\frac{m+p}{1} \cdot \frac{m+2p-1}{2} \cdot \frac{m+2p-2}{3} \dots \dots \dots \frac{m+p+1}{p}.$$

Il ne s'agit donc plus pour avoir la valeur de $A^{(m+2p)}$, que de soustraire du nombre exprimé par cette formule, le nombre des arrangemens qui auraient ruiné le joueur dès les parties précédentes. Ceux-ci se forment évidemment des arrangemens de r parties gagnées, et $m + r$ parties perdues, dont le nombre est représenté par $A^{(m+2r)}$, en y joignant $2p - 2r - 1$ parties, dont $p - r$ gagnées, et $p - r - 1$ perdues, ce qui peut se faire de

$$\frac{2p-2r-1}{1} \cdot \frac{2p-2r-2}{2} \cdot \frac{2p-2r-3}{3} \dots \dots \frac{p-r+1}{p-r-1},$$

manières différentes.

22. En raisonnant ici comme dans le calcul précédent, on verra que le nombre total des arrangemens à retrancher, se trouvera en donnant successivement à r toutes les valeurs possibles en nombres entiers, depuis $r = p - 1$, jusqu'à $r = 0$, dans la formule

$$\frac{2p-2r-1}{1} \cdot \frac{2p-2r-2}{2} \cdot \frac{2p-2r-3}{3} \dots \dots \frac{p-r+1}{p-r-1} A^{(m+2r)}.$$

Si l'on réunit ensuite tous les résultats ainsi obtenus, savoir :

$$A^{(m+2p-2)}, \frac{3}{1}A^{(m+2p-4)}, \frac{5}{1} \cdot \frac{4}{2} A^{(m+2p-6)}, \text{ etc.}$$

on aura

$$A^{(m+2p)} = \frac{m+p}{1} \cdot \frac{m+2p-1}{2} \cdot \frac{m+2p-2}{3} \dots \dots \frac{m+p+1}{p}$$

$$- A^{(m+2p-2)} - \frac{3}{1}A^{(m+2p-4)} - \frac{5}{1} \cdot \frac{4}{2} A^{(m+2p-6)} - \dots$$

$$- \frac{2p - 2r - 1}{1} \cdot \frac{2p - 2r - 2}{2} \cdot \frac{2p - 2r - 3}{3} \cdots \frac{p - r + 1}{p - r - 1} A^{(m + 2r)} - \text{etc.}$$

En doublant tous les termes de cette équation, on trouve

$$2 A^{(m + 2p)} = \frac{2m + 2p}{1} \cdot \frac{m + 2p - 1}{2} \cdot \frac{m + 2p - 2}{3} \cdots \frac{m + p + 1}{p}$$

$$- 2 A^{(m + 2p - 2)} - 2 \tfrac{1}{1} A^{(m + 2p - 4)} - 2 \tfrac{5}{1} \cdot \tfrac{4}{2} A^{(m + 2p - 6)} \cdots$$

$$\cdots \cdots \cdots \cdots \cdots \cdots \cdots \cdots \cdots \cdots$$

$$- 2 \frac{2p - 2r - 1}{1} \cdot \frac{2p - 2r - 2}{2} \cdot \frac{2p - 2r - 3}{3} \cdots \frac{p - r + 1}{p - r - 1} A^{(m + 2r)} - \text{etc.}$$

et en retranchant de cette dernière équation celle que nous avons obtenue précédemment

$$A^{(m + 2p)} = \frac{m + 2p}{1} \cdot \frac{m + 2p - 1}{2} \cdot \frac{m + 2p - 2}{3} \cdots \frac{m + p + 1}{p}$$

$$- 2 A^{(m + 2p - 2)} - 2 \tfrac{1}{1} A^{(m + 2p - 4)} - 2 \tfrac{5}{1} \cdot \tfrac{4}{2} A^{(m + 2p - 6)} \cdots$$

$$\cdots \cdots \cdots \cdots \cdots \cdots \cdots \cdots \cdots$$

$$- 2 \frac{2p - 2r - 1}{1} \cdot \frac{2p - 2r - 2}{2} \cdot \frac{2p - 2r - 3}{3} \cdot \frac{p + r + 1}{p + r - 1} A^{(m + 2r)} - \text{etc.}$$

il reste

$$A^{(m + 2p)} = \frac{m}{1} \cdot \frac{m + 2p - 1}{2} \cdot \frac{m + 2p - 2}{3} \cdots \frac{m + p + 1}{p}.$$

Cette valeur de $A^{(m + 2p)}$, remarquable par sa simplicité et son élégance, aurait été facile à trouver par induction, mais l'analyse précédente a l'avantage de la donner d'une manière directe et générale.

23. La formule que nous venons de trouver n'a pas lieu seulement à l'égard des divers arrangemens qu'on peut donner à $m + 2p$ parties, partagées en deux groupes, conformément aux conditions de la question présente : elle pourrait avoir une infinité d'autres applications. C'est elle, par exemple, qui donnerait le nombre des différens produits de p lettres, qu'on pourrait faire avec $m + 2p$ lettres, en s'astreignant à les ranger suivant l'ordre alphabétique, et à choisir la première lettre de chaque produit, parmi les m premières, la seconde parmi les $m + 2$ premières lettres, la troisième parmi les $m + 4$ premières, et ainsi de suite. Je ne m'arrêterai pas à démontrer cette proposition dont on appercevra facilement la liaison avec ce qui précède, si l'on fait attention qu'il faut pour que le joueur ne se ruine pas avant la partie dont le rang est $m + 2p$, qu'il gagne au moins une fois sur les m premières parties, deux fois sur les $m + 2$ premières parties, trois fois sur les $m + 4$ premières, et en général r fois sur les $m + 2r - 2$ premières parties ; car s'il ne gagnait que $r - 1$ parties, il en

perdrait $m + r - 1$, et se trouverait ruiné après les $m + 2r - 2$ parties.

24. Le nombre $\frac{m}{1} \cdot \frac{m + 2p - 1}{2} \cdot \frac{m + 2p - 2}{3} \dots \frac{m + p + 1}{p}$, des produits de p lettres qui satisfont aux conditions dont nous venons de parler, ne diffère du nombre total des mêmes produits

$$\frac{m + 2p}{1} \cdot \frac{m + 2p - 1}{2} \cdot \frac{m + 2p - 2}{3} \dots \dots \frac{m + p + 1}{p},$$

qu'à l'égard du premier facteur, où le terme $+ 2p$ manque; ces conditions restraignent donc le nombre de ces produits dans le rapport de $m + 2p$ à m. Il en résulte une nouvelle espèce de combinaisons dont la considération pourra devenir très-utile aux progrès de la théorie des probabilités.

25. La série des nombres qu'on obtient en supposant successivement $p = 0$, $p = 1$, $p = 2$, $p = 3$, etc., et qu'on peut représenter par

$$A^{(m)}, A^{(m+2)}, A^{(m+4)}, \dots A^{(m+2p-4)}, A^{(m+2p-2)}, A^{(m+2p)}$$

jouit de quelques propriétés remarquables, qui dépendent d'une formule générale dont nous allons nous occuper. Cette formule nous servira dans la suite de cet ouvrage, à donner aux démonstrations une rigueur et une généralité qu'il serait peut-être difficile d'obtenir autrement.

26. On a d'abord en transposant les termes

$$- \frac{2}{1} A^{(m+2p-2)}, \quad - \frac{4}{1} \cdot \frac{3}{2} A^{(m+2p-4)}, \quad - \frac{6}{1} \cdot \frac{5}{2} \cdot \frac{4}{3} A^{(m+2p-6)}, \dots$$

$$- \frac{2p-2r}{1} \cdot \frac{2p-2r-1}{2} \cdot \frac{2p-2r-2}{3} \dots \frac{p-r+1}{p-r} A^{(m+2r)}, \text{ etc.}$$

de la première valeur que nous avons trouvée pour $A^{(m+2p)}$, l'équation

$$A^{(m+2p)} + \frac{2}{1} A^{(m+2p-2)} + \frac{4}{1} \cdot \frac{3}{2} A^{(m+2p-4)} + \frac{6}{1} \cdot \frac{5}{2} \cdot \frac{4}{3} A^{(m+2p-6)} +$$

$$\dots \dots$$

$$+ \frac{2p-2r}{1} \cdot \frac{2p-2r-1}{2} \cdot \frac{2p-2r-2}{3} \dots \frac{p-r+1}{p-r} A^{(m+2r)} + \text{etc.} =$$

$$\frac{m+2p}{1} \cdot \frac{m+2p-1}{2} \cdot \frac{m+2p-2}{3} \dots \dots \frac{m+p+1}{p} \quad [1],$$

qui n'est qu'un cas particulier de la formule générale dont nous nous occupons.

27. Pour obtenir cette formule, on substituera à $A^{(m+2p)}$ sa valeur

$$\frac{m}{1} \cdot \frac{m+2p-1}{2} \cdot \frac{m+2p-2}{3} \dots \dots \frac{m+p+1}{p},$$

et on aura en faisant passer dans le second membre le terme qui en résultera

$$\frac{2}{1} A^{(m+2p-2)} + \frac{4}{1} \cdot \frac{3}{2} A^{(m+2p-4)} + \frac{6}{1} \cdot \frac{5}{2} \cdot \frac{4}{3} A^{(m+2p-6)} + \cdot \cdot \cdot$$

$$\cdot \cdot \cdot \cdot \cdot \cdot \cdot \cdot \cdot \cdot \cdot \cdot \cdot \cdot \cdot \cdot \cdot \cdot$$

$$+ \frac{2p-2r}{1} \cdot \frac{2p-2r-1}{2} \cdot \frac{2p-2r-2}{3} \cdot \cdot \cdot \frac{p-r+1}{p-r} A^{(m+2r)} + \text{etc.} =$$

$$\frac{m+2p}{1} \cdot \frac{m+2p-1}{2} \cdot \frac{m+2p-2}{3} \cdots \frac{m+p+1}{p} - \frac{m}{1} \cdot \frac{m+2p-1}{2} \cdot \frac{m+2p-2}{3} \cdots \frac{m+p+1}{p}$$

$$= \frac{2p}{1} \cdot \frac{m+2p-1}{2} \cdot \frac{m+2p-2}{3} \cdot \cdot \cdot \cdot \cdot \frac{m+p+1}{p}.$$

28. Si l'on se rappelle que

$$\frac{2p-2r}{1} \cdot \frac{2p-2r-1}{2} \cdot \frac{2p-2r-2}{3} \cdot \cdot \cdot \cdot \cdot \frac{p-r+1}{p-r} =$$

$$2 \frac{2p-2r-1}{1} \cdot \frac{2p-2r-2}{2} \cdot \frac{2p-2r-3}{3} \cdot \cdot \cdot \cdot \cdot \cdot \frac{p-r+1}{p-r-1},$$

il sera aisé de voir qu'on peut en divisant par deux tous les termes de l'équation précédente, la réduire à

$$A^{(m+2p-2)} + \frac{3}{1} A^{(m+2p-4)} + \frac{5}{1} \cdot \frac{4}{2} A^{(m+2p-6)} + \cdot \cdot \cdot$$

$$\cdot \cdot \cdot \cdot \cdot \cdot \cdot \cdot \cdot \cdot \cdot \cdot \cdot \cdot \cdot \cdot$$

$$+ \frac{2p-2r-1}{1} \cdot \frac{2p-2r-2}{2} \cdot \frac{2p-2r-3}{3} \cdot \cdot \cdot \cdot \frac{p-r+1}{p-r-1} A^{(m+2r)} + \text{etc.}$$

$$= \frac{p}{1} \cdot \frac{m+2p-1}{2} \cdot \frac{m+2p-2}{3} \cdot \cdot \cdot \cdot \frac{m+p+1}{p} =$$

$$\frac{m+2p-1}{1} \cdot \frac{m+2p-2}{2} \cdot \frac{m+2p-3}{3} \cdot \cdot \cdot \cdot \cdot \frac{m+p+1}{p-1},$$

celle-ci devant avoir lieu pour toutes les valeurs de p, sera encore vraie, si l'on y substitue $p+1$ à p, ce qui donne

$$A^{(m+2p)} + \frac{3}{1} A^{(m+2p-2)} + \frac{5}{1} \cdot \frac{4}{2} A^{(m+2p-4)} + \frac{7}{1} \cdot \frac{6}{2} \cdot \frac{5}{3} A^{(m+2p-6)} +$$

$$\cdot \cdot \cdot \cdot \cdot \cdot \cdot \cdot \cdot \cdot \cdot \cdot \cdot \cdot \cdot \cdot$$

$$+ \frac{2p-2r+1}{1} \cdot \frac{2p-2r}{2} \cdot \frac{2p-2r-1}{3} \cdot \cdot \cdot \cdot \frac{p-r+2}{p-r} A^{(m+2r)} + \text{etc.} =$$

$$\frac{m+2p+1}{1} \cdot \frac{m+2p}{2} \cdot \frac{m+2p-1}{3} \cdot \cdot \cdot \cdot \cdot \frac{m+p+2}{p} \qquad [2];$$

B 2

qui est un second cas particulier de la formule dont l'équation

$$A^{(m+2p)} + \frac{2}{1} A^{(m+2p-2)} + \frac{4}{1}\cdot\frac{3}{2} A^{(m+2p-4)} + \frac{6}{1}\cdot\frac{5}{2}\cdot\frac{4}{3} A^{(m+2p-6)} +$$

$$\cdots\cdots\cdots\cdots\cdots\cdots\cdots\cdots$$

$$+ \frac{2p-2r}{1}\cdot\frac{2p-2r-1}{2}\cdot\frac{2p-2r-2}{3}\cdots\cdots\frac{p-r+1}{p-r} A^{(m+2r)} + \text{etc.} =$$

$$\frac{m+2p}{1}\cdot\frac{m+2p-1}{2}\cdot\frac{m+2p-2}{3}\cdots\cdots\cdots\frac{m+p+1}{p},$$

nous a offert le premier cas

29. En comparant ces deux équations, on voit qu'elles ne diffèrent que par les numérateurs des coëfficiens qui multiplient les quantités

$$A^{(m+2p)}, \quad A^{(m+2p-2)}, \quad A^{(m+2p-4)}, \quad A^{(m+2p-6)} \quad \cdots\cdots,$$

$$\cdots\cdots\cdots\cdots\cdots A^{(m+2r)}, \text{ etc.}$$

et que tous les facteurs de ces numérateurs ont augmenté chacun d'une unité, par les opérations qui ont conduit de l'équation [1] à l'équation [2]. En retranchant la première de la seconde, et faisant attention qu'on a, quelles que soient les valeurs de m, de p et de r,

$$\frac{2p-2r+1}{1}\cdot\frac{2p-2r}{2}\cdot\frac{2p-2r-1}{3}\cdots\frac{p-r+2}{p-r} - \frac{2p-2r}{1}\cdot\frac{2p-2r-1}{2}\cdot\frac{2p-2r-2}{3}$$

$$\cdots\cdots\cdot\frac{p-r+1}{p-r} = \frac{2p-2r}{1}\cdot\frac{2p-2r-1}{2}\cdot\frac{2p-2r-2}{3}\cdots\cdots$$

$$\frac{p-r+2}{p-r-1}\cdot\frac{p-r}{p-r} = \frac{2p-2r}{1}\cdot\frac{2p-2r-1}{2}\cdot\frac{2p-2r-2}{3}\cdots\frac{p-r+2}{p-r-1},$$

et $\frac{m+2p+1}{1}\cdot\frac{m+2p}{2}\cdot\frac{m+2p-1}{3}\cdots\frac{m+p+2}{p} - \frac{m+2p}{1}\cdot\frac{m+2p-1}{2}\cdot$

$$\frac{m+2p-2}{3}\cdots\frac{m+p+1}{p} = \frac{m+2p}{1}\cdot\frac{m+2p-1}{2}\cdot\frac{m+2p-2}{3}\cdots\frac{m+p+2}{p-1},$$

on trouvera

$$A^{(m+2p-2)} + \frac{4}{1}A^{(m+2p-4)} + \frac{6}{1}\cdot\frac{5}{2} A^{(m+2p-6)} + \cdots\cdots$$

$$\cdots\cdots\cdots\cdots\cdots\cdots$$

$$+ \frac{2p-2r}{1}\cdot\frac{2p-2r-1}{2}\cdot\frac{2p-2r-2}{3}\cdots\frac{p-r+2}{p-r-1} A^{(m+2r)} + \text{etc.}$$

$$= \frac{m+2p}{1}\cdot\frac{m+2p-1}{2}\cdot\frac{m+2p-2}{3}\cdots\cdots\frac{m+p+2}{p-1}.$$

30. Cette équation devant aussi avoir lieu pour toutes les valeurs de p, on y écrira $p+1$ au lieu de p, et il viendra

$$\mathrm{A}^{(m+2p)} + \frac{4}{1}\mathrm{A}^{(m+2p-2)} + \frac{6}{1}\cdot\frac{5}{2}\mathrm{A}^{(m+2p-4)} + \frac{8}{1}\cdot\frac{7}{2}\cdot\frac{6}{3}\mathrm{A}^{(m+2p-6)} +$$

$$\cdots\cdots\cdots\cdots$$

$$+ \frac{2p-2r+2}{1}\cdot\frac{2p-2r+1}{2}\cdot\frac{2p-2r}{3}\cdots\cdots\frac{p-r+3}{p-r}\mathrm{A}^{(m+2r)} + \text{etc.} =$$

$$\frac{m+2p+2}{1}\cdot\frac{m+2p+1}{2}\cdot\frac{m+2p}{3}\cdots\cdots\frac{m+p+3}{p}\ [3],$$

qui est encore de la même forme que les équations [1] et [2], et n'en diffère que par l'augmentation d'une nouvelle unité, que les opérations par lesquelles on a passé de l'équation [2] à l'équation [3], ont produit dans les numérateurs des coëfficiens. On s'appercevra aisément, en considérant la forme de ces équations, que cette augmentation en résulte nécessairement toutes les fois qu'on retranche une équation de cette forme de celle qui la suit, et qu'on écrit ensuite $p+1$ au lieu de p dans l'équation restante. En exécutant ces opérations sur les équations [2] et [3], on obtient

$$\mathrm{A}^{(m+2p)} + \frac{5}{1}\mathrm{A}^{(m+2p-2)} + \frac{7}{1}\cdot\frac{6}{2}\cdot\frac{5}{3}\mathrm{A}^{(m+2p-4)} + \frac{9}{1}\cdot\frac{8}{2}\cdot\frac{7}{3}\mathrm{A}^{(m+2p-6)} +$$

$$\cdots\cdots\cdots\cdots$$

$$\cdots\cdots\cdots\cdots$$

$$+ \frac{2p-2r+3}{1}\cdot\frac{2p-2r+2}{2}\cdot\frac{2p-2r+1}{3}\cdots\frac{p-r+4}{p-r}\mathrm{A}^{(m+2r)} + \text{etc.}$$

$$= \frac{m+2p+3}{1}\cdot\frac{m+2p+2}{2}\cdot\frac{m+2p+1}{3}\cdots\cdots\frac{m+p+4}{p},$$

et ainsi de suite.

31. Cette augmentation d'une unité dans les numérateurs ayant lieu à chaque transformation successive, si l'on représente par u le nombre de ces transformations, à partir de l'équation [1] : chaque numérateur aura augmenté de u, et la dernière transformée sera

$$\mathrm{A}^{(m+2p)} + \frac{u+2}{1}\mathrm{A}^{(m+2p-2)} + \frac{u+4}{1}\cdot\frac{u+3}{2}\mathrm{A}^{(m+2p-4)} +$$

$$\frac{u+6}{1}\cdot\frac{u+5}{2}\cdot\frac{u+4}{3}\mathrm{A}^{(m+2p-6)} + \cdots\cdots\cdots$$

$$\cdots\cdots\cdots\cdots$$

$$+ \frac{u+2p-2r}{1}\cdot\frac{u+2p-2r-1}{2}\cdot\frac{u+2p-2r-2}{3}\cdots\frac{u+p-r+1}{p-r}\mathrm{A}^{(m+2r)} + \text{etc.} =$$

$$\frac{u+m+2p}{1}\cdot\frac{u+m+2p-1}{2}\cdot\frac{u+m+2p-2}{3}\cdots\cdots\frac{u+m+p+1}{p}\ [4].$$

u étant absolument arbitraire dans cette équation, on doit la considérer comme une formule générale qui comprend toutes les équations de même forme que nous avons déjà trouvées.

32. En mettant à la place de

$$A^{(m+2p)}, \quad A^{(m+2p-2)}, \quad A^{(m+2p-4)}, \quad A^{(m+2p-6)}, \dots A^{(m+2r)}, \text{ etc.}$$

les valeurs représentées par ces caractères, savoir :

$$A^{(m+2p)} = \frac{m}{1} \cdot \frac{m+2p-1}{2} \cdot \frac{m+2p-2}{3} \dots \dots \frac{m+p+1}{p},$$

$$A^{(m+2p-2)} = \frac{m}{1} \cdot \frac{m+2p-3}{2} \cdot \frac{m+2p-4}{3} \dots \dots \frac{m+p}{p-1},$$

$$A^{(m+2p-4)} = \frac{m}{1} \cdot \frac{m+2p-5}{2} \cdot \frac{m+2p-6}{3} \dots \dots \frac{m+p-1}{p-2},$$

$$A^{(m+2p-6)} = \frac{m}{1} \cdot \frac{m+2p-7}{2} \cdot \frac{m+2p-8}{3} \dots \dots \frac{m+p-2}{p-3}, \dots$$

$$\cdot \quad \cdot \quad \cdot \quad \cdot \quad \cdot \quad \cdot \quad \cdot \quad \cdot \quad \cdot \quad \cdot$$

$$\cdot \quad \cdot \quad \cdot \quad \cdot \quad \cdot \quad \cdot \quad \cdot \quad \cdot \quad \cdot \quad \cdot$$

$$A^{(m+2r)} = \frac{m}{1} \cdot \frac{m+2r-1}{2} \cdot \frac{m+2r-2}{3} \dots \dots \frac{m+r+1}{r},$$

la formule précédente deviendrait

$$\frac{m}{1} \cdot \frac{m+2p-1}{2} \cdot \frac{m+2p-2}{3} \dots \dots \frac{m+p+1}{p} +$$

$$\frac{u+2}{1} \cdot \frac{m}{1} \cdot \frac{m+2p-3}{2} \cdot \frac{m+2p-4}{3} \dots \dots \frac{m+p}{p-1} +$$

$$\frac{u+4}{1} \cdot \frac{u+3}{2} \cdot \frac{m}{1} \cdot \frac{m+2p-5}{2} \cdot \frac{m+2p-6}{3} \dots \dots \frac{m+p-1}{p-2} +$$

$$\frac{u+6}{1} \cdot \frac{u+5}{2} \cdot \frac{u+4}{3} \cdot \frac{m}{1} \cdot \frac{m+2p-7}{2} \cdot \frac{m+2p-8}{3} \dots \dots \frac{m+p-2}{p-3} +$$

$$\cdot \quad \cdot \quad \cdot \quad \cdot \quad \cdot \quad \cdot \quad \cdot \quad \cdot \quad \cdot \quad \cdot$$

$$\cdot \quad \cdot \quad \cdot \quad \cdot \quad \cdot \quad \cdot \quad \cdot \quad \cdot \quad \cdot \quad \cdot$$

$$+ \frac{u+2p-2r}{1} \cdot \frac{u+2p-2r-1}{2} \cdot \frac{u+2p-2r-2}{3} \dots \frac{u+p-r+1}{p-r} \cdot \frac{m}{1} \cdot \frac{m+2r-1}{2} \cdot \frac{m+2r-2}{3} \dots \frac{m+r+1}{r} +$$

$$\text{etc.} = \frac{u+m+2p}{1} \cdot \frac{u+m+2p-1}{2} \cdot \frac{u+m+2p-2}{3} \dots \frac{u+m+p+1}{p} \quad [5];$$

mais comme cette transformation la rend beaucoup plus compliquée, nous la laisserons dans les différentes applications que nous ferons de cette formule, sous la forme où nous l'avons d'abord trouvée, et nous y considérerons

$$A^{(m+2p)}, \quad A^{(m+2p-2)}, \quad A^{(m+2p-4)}, \quad A^{(m+2p-6)}, \ldots A^{(m+2r)},$$

comme des symboles destinés à désigner d'une manière abrégée les quantités qu'ils représentent.

23. On pourrait croire que la démonstration précédente en laissant la liberté d'assigner à u la valeur qu'on veut parmi les nombres entiers positifs, ne permet pas de lui donner des valeurs négatives ou fractionnaires, mais on se convaincra aisément que la valeur de u, est absolument indéterminée, si l'on fait attention que l'équation précédente ne peut avoir lieu pour toutes les valeurs entières et positives de u, à moins qu'en y exécutant les opérations indiquées, réduisant les deux membres au même dénominateur, et ordonnant par rapport à u, on ne trouve pour coëfficiens d'une même puissance de u dans les deux membres, deux fonctions de p et de m absolument identiques; d'où il résulte nécessairement que l'équation est encore identique, lorsque u est fractionnaire ou négatif.

34. On pourra donc supposer $u = -x$, x étant positif, et on donnera ainsi à l'équation précédente la forme

$$A^{(m+2p)} - \frac{x-2}{1} A^{(m+2p-2)} + \frac{x-4}{1}\cdot\frac{x-3}{2} A^{(m+2p-4)} -$$

$$\frac{x-6}{1}\cdot\frac{x-5}{2}\cdot\frac{x-4}{3} A^{(m+2p-6)} + \ldots$$

$$\ldots$$

$$+ \frac{x-2p+2r}{1}\cdot\frac{x-2p+2r+1}{2}\cdot\frac{x-2p+2r+2}{3}\ldots\frac{x-p+r-1}{p-r} A^{(m+2r)} \mp \text{etc.}$$

$$= \frac{m+2p-x}{1}\cdot\frac{m+2p-x-1}{2}\cdot\frac{m+2p-x-2}{3}\ldots\frac{m+p+1-x}{p} \quad [6];$$

où il faut employer le signe supérieur quand le nombre indéterminé r est tel que $p-r$ soit pair, et le signe inférieur quand $p-r$ est impair, ce qui dépend du rang qu'occupe dans le premier membre, le terme dont on veut calculer la valeur à l'aide du terme général

$$\pm \frac{x-2p+2r}{1}\cdot\frac{x-2p+2r+1}{2}\cdot\frac{x-2p+2r+2}{3}\ldots\frac{x-p+r-1}{p-r} A^{(m+2r)},$$

qui donne immédiatement tous les autres en y supposant successivement $r = p-1$, $r = p-2$, $r = p-3$, etc.

35. En donnant à x une valeur comprise entre ces deux limites inclusivement

$$x = m+2p, \quad x = m+p+1,$$

un des facteurs du second membre s'évanouissant, ce second membre se réduit à zéro, et le premier devient par conséquent aussi égal à zéro. Si l'on supposait dans la même formule $x = m$ elle se simplifierait beaucoup, et donnerait

$$A^{(m+2p)} - \frac{m-2}{1} A^{(m+2p-2)} + \frac{m-4}{1} \cdot \frac{m-3}{2} A^{(m+2p-4)} -$$

$$\frac{m-6}{1} \cdot \frac{m-5}{2} \cdot \frac{m-4}{3} A^{(m+2p-6)} + \cdot \cdot \cdot \cdot \cdot \cdot \cdot$$

$$\cdot \cdot \cdot \cdot \cdot \cdot \cdot \cdot \cdot \cdot \cdot \cdot \cdot$$

$$+ \frac{m-2p+2r}{1} \cdot \frac{m-2p+2r+1}{2} \cdot \frac{m-2p+2r+2}{3} \cdot \cdot \cdot \cdot \frac{m-p+r-1}{p-r} A^{(m+2r)} + \text{etc.}$$

$$= \frac{2p}{1} \cdot \frac{2p-1}{2} \cdot \frac{2p-2}{3} \cdot \cdot \cdot \frac{p+1}{p} = 2 \frac{2p-1}{1} \cdot \frac{2p-2}{2} \cdot \frac{2p-3}{3} \cdot \cdot \cdot \frac{p+1}{p-1} \; [7].$$

36. Revenons au problême que nous nous étions d'abord proposé, et substituons à la place de $A^{(m+2p)}$, sa valeur dans l'expression

$$A^{(m+2p)} \frac{q^p}{(1+q)^{m+2p}}$$

de la probabilité que nous voulions calculer; elle deviendra

$$\frac{m}{1} \cdot \frac{m+2p-1}{2} \cdot \frac{m+2p-2}{3} \cdot \cdot \cdot \cdot \frac{m+p+1}{p} \cdot \frac{q^p}{(1+q)^{m+2p}} \cdot$$

En faisant successivement $p = 0$, $p = 1$, $p = 2$, $p = 3$, etc., on aura les probabilités suivantes, que le joueur se ruinera

à la partie dont le rang est désigné par m . . . . $\dfrac{1}{(1+q)^m}$,

à celle dont le rang est $m+1$ . . . . $\dfrac{m}{1} \cdot \dfrac{q}{(1+q)^{m+2}}$,

à celle dont le rang est $m+2$ . . . . $\dfrac{m}{1} \cdot \dfrac{m+3}{2} \cdot \dfrac{q^2}{(1+q)^{m+4}}$,

à celle dont le rang est $m+3$ . . . . . $\dfrac{m}{1} \cdot \dfrac{m+5}{2} \cdot \dfrac{m+4}{3} \cdot \dfrac{q^3}{(1+q)^{m+6}}$,

et ainsi de suite.

37. Avant de chercher la limite de la série formée par la réunion des probabilités que nous venons de trouver, il faut démontrer que cette limite existe, en faisant voir que si cette série n'est pas convergente dans toute son étendue, elle le devient du moins nécessairement après un certain nombre de termes. Divisons pour cela le terme général

$$\frac{m}{1}$$

$$\frac{m}{1} \cdot \frac{m+2p-1}{2} \cdot \frac{m+2p-2}{3} \dots \frac{m+p+1}{p} \cdot \frac{q^p}{(1+q)^{m+2p}},$$

par le terme précédent

$$\frac{m}{1} \cdot \frac{m+2p-3}{2} \cdot \frac{m+2p-4}{3} \dots \frac{m+p}{p-1} \cdot \frac{q^{p-1}}{(1+q)^{m+2p-2}},$$

nous aurons pour quotient

$$\frac{(m+2p-1)(m+2p-2)}{p(m+p)} \cdot \frac{q}{(1+q)^2},$$

et la série sera convergente toutes les fois que cette quantité sera plus petite que l'unité. Examinons séparément les deux facteurs dont elle est composée.

38. La fraction $\dfrac{q}{(1+q)^2}$ a la même valeur pour tous les termes d'une même série, pour trouver le cas où elle est la plus grande possible on égalera sa différentielle à zéro, et l'on aura pour déterminer q l'équation

$$\frac{(1+q)^2 dq - 2q(1+q)dq}{(1+q)^4} = 0,$$

qui donnera $q = 1$ et le maximum cherché $\dfrac{q}{(1+q)^2} = \dfrac{1}{4}$, d'où il suit que la série sera convergente toutes les fois que l'autre facteur

$$\frac{(m+2p-1)(m+2p-2)}{p(m+p)}$$

ne surpassera pas quatre. La valeur de ce facteur dépend du nombre p des termes qui se trouvent dans la série avant le terme général ; mais il est aisé de voir qu'après y avoir exécuté les multiplications indiquées, on peut le mettre sous la forme

$$4 + \frac{m^2 - 3m - 6p + 2}{pm + p^2}$$

qui est moindre que quatre toutes les fois que p est plus grand que $\dfrac{m^2 - 3m + 2}{6}$, la série devient donc nécessairement convergente dès qu'on arrive aux termes pour lesquels p surpasse cette dernière quantité.

39. Rien n'est plus facile maintenant que de trouver la limite de la série proposée

$$\frac{1}{(1+q)^m} + \frac{m}{1} \cdot \frac{q}{(1+q)^{m+2}} + \frac{m}{1} \cdot \frac{m+3}{2} \cdot \frac{q^2}{(1+q)^{m+4}} + \dots$$

$$+ \frac{m}{1} \cdot \frac{m+2p-1}{2} \cdot \frac{m+2p-2}{3} \dots \frac{m+p+1}{p} \cdot \frac{q^p}{(1+q)^{m+2p}} + \text{etc.}$$

ou ce qui revient au même

$$\frac{1}{(1+q)^m} + A^{(m+2)} \cdot \frac{q}{(1+q)^{m+2}} + A^{(m+4)} \frac{q^2}{(1+q)^{m+4}} + \dots$$

$$+ A^{(m+2p)} \frac{q^p}{(1+q)^{m+2p}} + \text{etc}$$

C

il suffit pour cela de changer , dans chaque terme , les dénominateurs **en** puissances fractionnaires , et de les développer par la formule de Newton , de manière que les séries qui en résultent soient convergentes , ce qui exige qu'elles procèdent suivant les puissances ascendantes de q , lorsque cette quantité est plus petite que 1 , et suivant ses puissances descendantes quand elle est plus grande. On aura ainsi dans le premier cas

$$1+q)^{-m} + A^{(m+2)} q (1+q)^{-m-2} + A^{(m+4)} q^2 (1+q)^{-m-4} + \cdots$$

$$\cdots + A^{(m+2p)} q^p (1+q)^{-m-2p} + \text{etc.} =$$

$$1 - \frac{m}{1} q + \frac{m}{2} \cdot \frac{m+1}{2} q^2 - \cdots \pm \frac{m}{1} \cdot \frac{m+1}{2} \cdot \frac{m+2}{3} \cdots \frac{m+p-1}{p} q^p \mp \text{etc.}$$

$$+ A^{(m+2)} q - \frac{m+2}{1} A^{(m+2)} q^2 + \cdots \mp \frac{m+2}{1} \cdot \frac{m+3}{2} \cdot \frac{m+4}{3} \cdots \frac{m+p}{p-1} A^{(m+2)} q^p \pm \text{etc.}$$

$$+ A^{(m+4)} q^2 - \cdots \pm \frac{m+4}{1} \cdot \frac{m+5}{2} \cdot \frac{m+6}{3} \cdots \frac{m+p+1}{p-2} A^{(m+4)} q^p \mp \text{etc.}$$

$$\cdots$$

$$+ \frac{m+2p-4}{1} \cdot \frac{m+2p-3}{2} A^{(m+2p-4)} q^p - \text{etc.}$$

$$- \frac{m+2p-2}{1} A^{(m+2p-2)} q^p + \text{etc.}$$

$$+ A^{(m+2p)} q^p - \text{etc.}$$

$$+ \text{etc.} [8],$$

et dans le second

$$(q+1)^{-m} + A^{(m+2)} q (q+1)^{-m-2} + A^{(m+4)} q^2 (q+1)^{-m-4} + \cdots$$

$$\cdots + A^{(m+2p)} q^p (q+1)^{-m-2p} + \text{etc.} =$$

$$q^{-m} - \frac{m}{1} q^{-m-1} + \frac{m}{1} \cdot \frac{m+1}{2} q^{-m-2} - \cdots \pm \frac{m}{1} \cdot \frac{m+1}{2} \cdot \frac{m+2}{3} \cdots \frac{m+p-1}{p} q^{-m-p} \mp \text{etc.}$$

$$+ A^{(m+2)} q^{-m-1} - \frac{m+2}{1} A^{(m+2)} q^{-m-2} + \cdots \mp \frac{m+2}{1} \cdot \frac{m+3}{2} \cdot \frac{m+4}{3} \cdots \frac{m+p}{p-1} A^{(m+2)} q^{-m-p} \pm \text{etc.}$$

$$+ A^{(m+4)} q^{-m-2} - \cdots \pm \frac{m+4}{1} \cdot \frac{m+5}{2} \cdot \frac{m+6}{3} \cdots \frac{m+p+1}{p-2} A^{(m+4)} q^{-m-p} \mp \text{etc.}$$

$$\cdots$$

$$+ \frac{m+2p-4}{1} \cdot \frac{m+2p-3}{2} A^{(m+2p-4)} q^{-m-p} - \text{etc.}$$

$$- \frac{m+2p-2}{1} A^{(m+2p-2)} q^{-m-p} + \text{etc.}$$

$$+ A^{(m+2p)} q^{-m-p} - \text{etc.}$$

$$+ \text{etc.} [9].$$

Ces deux développemens qui ne diffèrent que par les exposans dont q est affecté, peuvent également servir dans le cas où $q = 1$, ils deviennent alors évidemment identiques.

40. Il serait aisé de trouver par induction que les seconds membres des équations [8] et [9] se réduisent respectivement à leurs premiers termes *, en substituant à la place de

$$A^{(m+2)}, A^{(m+4)}, \ldots\ldots A^{(m+2p-4)}, A^{(m+2p-2)}, A^{(m+2p)}, \text{ etc.}$$

les valeurs représentées par ces signes, et en réduisant après avoir exécuté les multiplications indiquées ; mais pour parvenir au même but d'une manière directe et générale, il vaut mieux avoir recours à l'équation [6], et y supposer $x = m + 2p$, ce qui la change en

$$A^{(m+2p)} - \frac{m+2p-2}{1} A^{(m+2p-2)} + \frac{m+2p-4}{1} \cdot \frac{m+2p-3}{2} A^{(m+2p-4)} -$$

$$+ \frac{m+2r}{1} \frac{m+2r+1}{2} \frac{m+2r+2}{3} \cdots \frac{m+p+r-1}{p-r} A^{(m+2r)} \mp \text{ etc.} = 0,$$

les derniers termes de son premier membre qu'on trouve en faisant successivement $r = 2, r = 1, r = 0$, et en se rappelant que $A^{(m)} = 1$, sont

$$\frac{m+4}{1} \frac{m+5}{2} \frac{m+6}{3} \cdots \frac{m+p+1}{p-2} A^{(m+4)} \mp \frac{m+2}{1} \cdot \frac{m+3}{2} \frac{m+4}{3} \cdots \frac{m+p}{p-1} A^{(m+2)} \pm \frac{m}{1} \cdot \frac{m+1}{2} \frac{m+2}{3} \cdots \frac{m+p}{p}$$

d'où il suit que ce premier membre est précisément la même chose que le coëfficient de q^p dans l'équation [8], ou de q^{-m-p} dans l'équation [9], les termes affectés de ce coëfficient se réduisent donc à zéro. p étant indéterminé il en est nécessairement de même de tous les termes qui se trouvent dans les seconds membres de ces deux équations, après 1 dans l'une et après q^{-m} dans l'autre : il suffit en effet de supposer successivement $p = 1, p = 2$, etc. et on obtient

$$A^{(m+2)} - \frac{m}{1} = 0,$$

$$A^{(m+4)} - \frac{m+2}{1} A^{(m+2)} + \frac{m}{1} \cdot \frac{m+1}{2} = 0,$$

etc.   etc.

---

* Ces premiers termes étant 1 quand q est plus petit que 1, et $\frac{1}{q^m}$ quand il est plus grand, la limite de la série que nous examinons est constante dans le premier cas et variable dans le second : en y écrivant $\frac{a}{x}$ à la place de q, on aurait une série dont la limite serait constante ou variable, suivant que x serait plus grand ou plus petit que a. Cette série réunie à une fonction quelconque de x, en formerait donc une du genre de celles qu'on a nommées fonctions discontinues, et dont je ne crois pas qu'on soit encore parvenu à représenter la valeur par aucune combinaison de caractères algébriques ; l'expression que fournit la remarque précédente, montre la possibilité d'en avoir du moins des développemens en séries toujours convergentes.

équations dont les premiers membres ne sont autre chose que les coëf...iens de ces termes.

41. Lorsque le nombre des chances favorables au joueur l'emporte à chaque partie sur celui des chances qui lui sont contraires, q est plus grand que 1, et il faut se servir du second développement qui donne q^{-m} ou $\frac{1}{q^m}$ pour la limite cherchée, en sorte que la probabilité de la ruine du joueur reste toujours finie quel que soit le nombre des parties, et peut même être moindre que la probabilité contraire si $\frac{1}{q^m}$ est plus petit que $\frac{1}{2}$, ou ce qui revient au même si q est plus grand que $\sqrt[m]{2}$ *. Mais il faut bien observer que ce cas où le jeu, s'il n'est pas un impôt établi par le Gouvernement, doit être considéré comme un vol fait au public, et contre lequel les lois sevissent avec raison, est le seul où le joueur puisse éviter une ruine certaine. En effet, lorsque q est plus petit que 1, il faut se servir du premier développement, et l'on a 1 pour la limite des probabilités de la ruine du joueur : cet évenement est donc moralement certain (7). Il en est de même dans le cas où les chances sont également partagées, et où q étant egal à 1, les deux développemens s'accordent à donner 1 pour la même limite. Il est aisé de sentir que c'est uniquement des resultats donnés par le calcul dans ce dernier cas qu'il faut tirer toutes les applications qu'on peut faire de la théorie mathématique du jeu à ce qui se passe habituellement dans la société ; car un jeu inégal ne pouvant présenter d'aucun côté un avantage plus grand que le désavantage qui en résulte de l'autre, il doit y avoir dans le cours de la vie d'un joueur une compensation nécessaire entre le cas où la probabilité se trouve en sa faveur et celui ou elle lui est contraire. Je ne parle pas des joueurs qui sont assez fripons ou assez dupes pour se mettre volontairement et constamment dans l'un ou dans l'autre de ces deux cas, parceque les premiers doivent être réprimés par l'autorité publique, et qu'il est si évident que les autres doivent se ruiner, qu'il devient peut-être inutile de le démontrer. Je me proposais surtout dans cet ouvrage de prouver que la certitude de la ruine du joueur est aussi complète, lors même que la probabilité est égale à chaque partie entre lui et son adversaire. Cette vérité qu'on prendrait au premier coup d'œil pour un paradoxe, résulte évidemment de ce que la limite des probabilités contraires au joueur, est la même lorsqu'on prend q égal à 1, ou qu'on suppose qu'il est plus petit. Il est à remarquer qu'on trouve aussi le même resultat dans un cas où la nécessité de la ruine du joueur est encore plus évidente, et où quelle que soit la valeur de q, la probabilité de cet

---

* On peut aussi conclure de cette formule qu'un homme qui ferait métier d'un jeu où il aurait un avantage déterminé, et qui ne voudrait pas que la probabilité de sa ruine pût jamais atteindre une probabilité connue et représentée par $\frac{1}{a}$, y parviendrait aisément en ne jouant jamais que des fractions $\frac{1}{m}$ de sa fortune dont le dénominateur m fût plus grand que $\frac{la}{l}$.

événement a précisément la même limite. Ce cas est celui où, commençant par mettre au jeu toute sa fortune dès la première partie, le joueur continuerait indéfiniment à jouer à quitte ou double, ensorte qu'une seule partie perdue suffirait toujours pour le ruiner complettement.

42. Si l'on continue, dans cette nouvelle hypothèse, à représenter par $q : 1$ le rapport qui existe à chaque partie entre les chances favorables au joueur, et celles qui lui sont contraires : les probabilités qu'il gagnera ou qu'il perdra une partie, seront toujours représentées respectivement par

$$\frac{q}{1+q} \text{ et } \frac{1}{1+q}.$$

Puisque dans la supposition actuelle, le joueur ne peut se ruiner à la dernière d'un nombre quelconque t de parties, que dans le cas où il perdrait cette partie après avoir gagné toutes les précédentes, dont le nombre est exprimé par $t-1$, il est évident que la probabilité de cet événement sera représentée par le produit de $t-1$ facteurs égaux à $\frac{q}{1+q}$, et d'un facteur égal à $\frac{1}{1+q}$, c'est-à-dire, par $\frac{q^{t-1}}{(1+q)^t}$;

faisant successivement $t=1$, $t=2$, $t=3$, etc. on trouvera les probabilités suivantes que le joueur se ruinera.

à la première partie . . . . $\frac{1}{(1+q)}$,

à la seconde . . . . $\frac{q}{(1+q)^2}$,

à la troisième . . . . $\frac{q^2}{(1+q)^3}$,

et ainsi de suite.

43. La série qu'on forme en réunissant les probabilités que nous venons de déterminer

$$\frac{1}{1+q} + \frac{q}{(1+q)^2} + \frac{q^2}{(1+q)^3} + \ldots\ldots\ldots + \frac{q^{t-1}}{(1+q)^t} + \text{etc.}$$

est évidemment une progression par quotiens, dont la limite trouvée par les méthodes connues se réduit à un. Cette limite est donc précisément la même dans l'hypothèse que nous venons d'examiner, et dans celle où le joueur n'expose à chaque partie qu'une portion constante de sa fortune primitive. La certitude morale de sa ruine est donc la même dans ces deux cas, et la seule différence qui puisse exister entre eux, n'est que dans le nombre des parties qui donnent, pour la somme des probabilités contraires au joueur, des valeurs qui approchent également de la certitude. Ce nombre doit être d'autant plus grand que la somme jouée à chaque partie est plus petite. Elle pourrait être assez petite, pour que la ruine du joueur exigeât plus de parties que les bornes ordinaires de la vie ne lui permettent d'en jouer ; c'est ce qui arrive à l'égard de ceux qui ne s'exposent qu'à des pertes incapables de diminuer sensiblement leur fortune : toute autre manière de jouer conduit à une ruine certaine. Le témoignage de l'expérience qui avait depuis long-temps mis cette vérité hors de doute, se trouvant confirmé de la manière la plus complette par les calculs précédens, le but de ce mémoire serait rempli, et j'aurais pu le terminer ici, s'il n'était pas nécessaire, pour ne rien laisser d'obscur sur cette théorie, d'examiner aussi le cas où les deux mêmes joueurs jouent constamment l'un contre l'autre.

44. Il faut d'abord calculer la probabilité que l'un des deux joueurs se trouvera ruiné à la dernière d'un nombre quelconque de parties. Supposons, dans la vue de rendre le calcul plus simple, que la somme jouée soit la même à chaque partie, et qu'elle soit un aliquote exacte de la fortune de chaque joueur, contenue m fois dans celle du joueur B, dont nous calculons les chances, et n fois dans la fortune de l'autre joueur C, $m : n$ exprimant le rapport des deux fortunes. Il est évident que dans cette supposition le premier joueur ne pourra se trouver ruiné qu'après $m + 2p$ parties, dont p gagnées et $m + p$ perdues, d'où il suit qu'en représentant toujours par $q : 1$, le rapport des chances favorables à ce joueur, et de celles qui lui sont contraires, $\frac{q^p}{(1+q)^{m+2p}}$ exprimera la probabilité de chacun des arrangemens de ces $m + 2p$ parties, qui lui enleveront à la dernière partie le reste de sa fortune. Cette probabilité est précisément la même que dans le problème que nous avons déjà résolu, (n°. 12 et suiv.) ; mais le nombre des arrangemens des $m + 2p$ parties, par lequel il faudra multiplier cette probabilité, ne sera pas le même, parce qu'il faudra exclure du nombre total des arrangemens de p parties gagnées, et de $m + p$ parties perdues, non-seulement les arrangemens qui auraient ruiné le joueur B, avant la partie dont le rang est désigné par $m + 2p$, mais encore ceux qui auraient amené la ruine de son adversaire avant la même partie, puisque le jeu cessant nécessairement dès que l'un des deux joueurs est ruiné, il n'aurait pas pu être continué, dans ce cas, jusqu'à la partie pour laquelle nous calculons la probabilité de la ruine du premier joueur.

45. Il suit de cette observation que la probabilité de la ruine d'un des joueurs ne peut être calculée indépendamment de la probabilité de celle de l'autre : or, la perte entière de la fortune du joueur C, suppose que le joueur B ait gagné n parties de plus qu'il n'en a perdu. Cet événement ne peut donc arriver qu'après $n + 2p$ parties, p désignant toujours un nombre quelconque ; et en supposant que B ait gagné $n + p$ de ces parties, et qu'il en ait perdu p, ce qui donne $\frac{q^{n+p}}{(1+q)^{n+2p}}$ pour la probabilité de chacun des arrangemens qu'on peut donner à $n + 2p$ parties, de manière à satisfaire à cette condition. Représentons en général par $B^{(t)}$, le nombre des arrangemens d'un nombre quelconque t de parties, qui causent la ruine du joueur B à la der-

nière de ces t parties, et par $C^{(t)}$, le nombre des arrangemens, qui amènent la ruine de son adversaire à la même partie, en ne comprenant dans ces arrangemens que ceux qui n'ont ruiné ni l'un ni l'autre joueur à aucune des parties précédentes, nous aurons les deux séries

$$B^{(m)} \frac{1}{(1+q)^m} + B^{(m+2)} \frac{q}{(1+q)^{m+2}} + B^{(m+4)} \frac{q^2}{(1+q)^{m+4}} +$$

$$\cdots \cdots \cdots + B^{(m+2p)} \frac{q^p}{(1+q)^{m+2p}} + \text{etc. et}$$

$$C^{(n)} \frac{q^n}{(1+q)^n} + C^{(n+2)} \frac{q^{n+1}}{(1+q)^{n+2}} + C^{(n+4)} \frac{q^{n+2}}{(1+q)^{n+4}} +$$

$$\cdots \cdots \cdots + C^{(n+2p)} \frac{q^{n+p}}{(1+q)^{n+2p}} + \text{etc.}$$

dont chaque terme indiquera la probabilité que le joueur auquel se rapporte la série, sera ruiné à la partie dont le rang est désigné par l'indice de B ou de C dans le même terme.

46. Dans les deux séries le coëfficient $B^{(m)}$ ou $C^{(n)}$ du premier terme est égal à l'unité, car il n'y a qu'un seul arrangement de m parties, toutes perdues par le joueur B, qui puisse ruiner ce joueur à la m^{me} partie; et il n'y a de même qu'un seul arrangement de n parties, toutes gagnées par le même joueur, qui puisse ruiner son adversaire à la partie dont le rang est désigné par n.

47. Pour trouver les relations qui existent entre les coëfficiens des différens termes de ces deux séries, on observera que $B^{(m+2p)}$ doit être égal aux arrangemens de p parties gagnées, et de $m+p$ parties perdues, qui restent après qu'on a ôté du nombre total de ces arrangemens, savoir:

$$\frac{m+2p}{1} \cdot \frac{m+2p-1}{2} \cdot \frac{m+2p-2}{3} \cdots \cdots \frac{m+p+1}{p},$$

1°. le nombre des arrangemens qui supposeraient le joueur B ruiné à quelqu'une des parties précédentes. On trouvera, comme dans le premier problème que nous avons résolu, et pour les mêmes raisons, que ce nombre est exprimé par cette suite de termes

$$\frac{2}{1} B^{(m+2p-2)} + \frac{4}{1} \cdot \frac{3}{2} B^{(m+2p-4)} + \frac{6}{1} \cdot \frac{5}{2} \cdot \frac{4}{3} B^{(m+2p-6)} + \cdots$$

$$\cdots + \frac{2p-2r}{1} \cdot \frac{2p-2r-1}{2} \cdot \frac{2p-2r-2}{3} \cdots \frac{p-r+1}{p-r} B^{(m+2r)} + \text{etc.}$$

ou ce qui revient au même, par

$$2\, B^{(m+2p-2)} + 2\, \frac{3}{1}\, B^{(m+2p-4)} + 2\, \frac{5}{1}\cdot\frac{4}{2}\, B^{(m+2p-6)} + \cdots$$

$$\cdots + 2\, \frac{2p-2r-1}{1}\cdot\frac{2p-2r-2}{2}\cdots\frac{p-r+1}{p-r-1}\, B^{(m+2r)} + \text{etc.} *$$

2°. le nombre des arrangemens qui auraient ruiné le joueur C à l'une des parties précédentes. Pour le trouver on représentera en général par $m+2s$ le rang de cette partie. L'arrangement des $n+2s$ parties qu'elle termine, étant nécessairement composé de $n+s$ parties gagnées par le joueur B, et de s parties perdues par le même joueur; il faudra y joindre $p-n-s$ parties gagnées, et $m+p-s$ parties perdues, pour en former des arrangemens de p parties gagnées, et de $m+p$ parties perdues, ce qui peut s'exécuter pour chacun des arrangemens dont le nombre est représenté par $C^{(n+2s)}$, de

$$\frac{2p+m-n-2s}{1}\,,\ \frac{2p+m-n-2s-1}{2}\cdots\cdots\cdots\frac{p+m-s+1}{p-n-s}$$

manières différentes, puisqu'il y a $2p+m-n-2s$ parties à partager en deux groupes, l'un de $p-n-s$, et l'autre de $m+p-s$ parties. En multipliant le nombre que nous venons de trouver par $C^{(n+2s)}$, on a

$$\frac{2p+m-n-2s}{1}\cdot\frac{2p+m-n-2s-1}{2}\cdots\frac{p+m-s+1}{p-n-s}\, C^{(n+2s)}.$$

48. Il s'agit maintenant de donner à s toutes les valeurs en nombres entiers positifs, qui peuvent s'accorder avec l'état de la question, pour réunir tous les termes qui en résulteront avec ceux que nous avons trouvés tout-à-l'heure, et en retrancher la somme du nombre total des arrangemens

$$\frac{m+2p}{1}\cdot\frac{m+2p-1}{2}\cdot\frac{m+2p-2}{3}\cdots\frac{m+p+1}{p}.$$

Or il est évident que le nombre $p-n-s$ des parties gagnées par le joueur B, depuis la partie dont le rang est exprimé par $n+2s$, jusqu'à celle dont le rang est désigné par $m+2p$, ne pouvant être négatif, la plus grande valeur qu'on puisse donner à s, est $s=p-n$, faisant successivement $s=p-n$, $s=p-n-1$, $s=p-n-2$, etc., ce qui donne

$$n+2s=2p-n, \text{ et } 2p+m-n-2s=m+n,$$

$$n+2s=2p-n-2, \text{ et } 2p+m-n-2s=m+n+2,$$

$$n + 2s = 2p - n - 4, \text{ et } 2p + m - n - 2s = m + n + 4;$$

etc. etc.

en aura cette suite de termes

$$C^{(2p-n)} + \frac{m+n+2}{1} C^{(2p-n-2)} + \frac{m+n+4}{1} \cdot \frac{m+n+3}{2} C^{(2p-n-4)} +$$

$$\cdot \quad \cdot \quad \cdot \quad \cdot \quad \cdot \quad \cdot \quad \cdot \quad \cdot \quad \cdot$$

$$+ \frac{2p+m-n-2s}{1} \cdot \frac{2p+m-n-2s-1}{2} \cdots \frac{p+m-s+1}{p-n-s} C^{(n+2s)},$$

et on en conclura que

$$B^{(m+2p)} = \frac{m+2p}{1} \cdot \frac{m+2p-1}{2} \cdot \frac{m+2p-2}{3} \cdots \frac{m+p+1}{p}$$

$$- 2 B^{(m+2p-2)} - 2 \frac{3}{1} B^{(m+2p-4)} - 2 \frac{5}{1} \cdot \frac{4}{2} B^{(m+2p-6)} -$$

$$\cdot \quad \cdot \quad \cdot \quad \cdot \quad \cdot \quad \cdot \quad \cdot \quad \cdot \quad \cdot$$

$$\cdot \quad \cdot \quad - 2 \frac{2p-2r-1}{1} \cdot \frac{2p-2r-2}{2} \cdots \frac{p-r+1}{p-r-1} B^{(m+2r)} - \text{etc.}$$

$$- C^{(2p-n)} - \frac{m+n+2}{1} C^{(2p-n-2)} - \frac{m+n+4}{1} \cdot \frac{m+n+3}{2} C^{(2p-n-4)} -$$

$$\cdot \quad \cdot \quad \cdot \quad \cdot \quad \cdot \quad \cdot \quad \cdot \quad \cdot \quad \cdot$$

$$- \frac{2p+m-n-2s}{1} \cdot \frac{2p+m-n-2s-1}{2} \cdots \frac{p+m-s+1}{p-n-s} C^{(n+2s)} - \text{etc.} \; [\, 10 \,].$$

49. Si l'on fait pour abréger $m + n = k$, ce qui donne $m - n = k - 2n$, et $2p + m - n - 2s = k + 2(p-n-s)$, on obtiendra

$$B^{(m+2p)} = \frac{m+2p}{1} \cdot \frac{m+2p-1}{2} \cdot \frac{m+2p-2}{3} \cdots \frac{m+p+1}{p}$$

$$- 2 B^{(m+2p-2)} - 2 \frac{3}{1} B^{(m+2p-4)} - 2 \frac{5}{2} \cdot \frac{4}{2} B^{(m+2p-6)} -$$

$$\cdot \quad \cdot \quad \cdot \quad \cdot \quad \cdot \quad \cdot \quad \cdot \quad \cdot \quad \cdot$$

$$- 2 \frac{2p-2r-1}{1} \cdot \frac{2p-2r-2}{2} \cdots \frac{p-r+1}{p-r-1} B^{(m+2r)} - \text{etc.}$$

$$- C^{(2p-n)} - \frac{k+2}{1} C^{(2p-n-2)} - \frac{k+4}{1} \cdot \frac{k+3}{2} C^{(2p-n-4)} -$$

$$- \frac{k+2(p-n-s)}{1} \cdot \frac{k+2(p-n-s)-1}{2} \cdots \frac{k+p-n-s+1}{p-n-s} C^{(n+2s)} - \text{etc.} [\, 11 \,].$$

D

50. Il est facile de trouver une autre valeur de $B^{(m+2p)}$, en observant que le joueur B ne peut se ruiner à la partie dont le rang est marqué par $m + 2p$, sans avoir été réduit, la partie précédente, à n'avoir plus que $\frac{1}{m}$ de ce qu'il avait en entrant au jeu; d'où il suit que $B^{(m+2p)}$ est aussi égal au nombre des arrangemens de p parties gagnées et de $m + p - 1$ parties perdues, qui n'ont ruiné ni l'un ni l'autre des joueurs à aucune des parties précédentes : sans cette condition le nombre de ces arrangemens serait

$$\frac{m+2p-1}{1} \cdot \frac{m+2p-2}{2} \cdot \frac{m+2p-3}{3} \dots \frac{m+p}{p},$$

dont il faut retrancher, 1°. le nombre de ceux de ces arrangemens qui ont ruiné le joueur B avant la $(m+2p)^{me}$ partie, nombre qu'on trouvera ici comme dans le problême précédent, exprimé par la serie

$$B^{(m+2p-2)} + \frac{3}{1} B^{(m+2p-4)} + \frac{5}{1} \cdot \frac{4}{2} B^{(m+2p-6)} +$$

$$\dots + \frac{2p-2r-1}{1} \cdot \frac{2p-2r-2}{2} \dots \frac{p-r+1}{p-r-1} B^{(m+2r)} + \text{etc.}$$

2°. tous les arrangemens qui supposent au contraire le joueur C ruiné avant la même partie. Dans ceux-ci les $n + 2s$ premières parties que nous supposons susceptibles de $C^{(n+2s)}$ arrangemens différens, sont composées de $n + s$ parties gagnées par le joueur B, et de s parties perdues par le même joueur ; il faut donc y joindre $p - n - s$ parties gagnées, et $p + m - s$ parties perdues, pour avoir les arrangemens à retrancher ; ces $2p + m - n - 2s - 1$ parties pouvant se partager ainsi, de

$$\frac{2p+m-n-2s-1}{1} \cdot \frac{2p+m-n-2s-2}{2} \dots \frac{p+m-s}{p-n-s}$$

manières différentes, on aura l'expression

$$\frac{2p+m-n-2s-1}{1} \cdot \frac{2p+m-n-2s-2}{2} \dots \frac{p+m-s}{p-n-s} C^{(m+2s)},$$

où il faudra faire successivement

$$s = p - n, \quad s = p - n - 1, \quad s = p - n - 2, \text{ etc.}$$

ce qui donnera pour $n + 2s$ et pour $2p + m - n - 2s$ les mêmes valeurs que ci-devant (48). On en conclura aisément, en réunissant tous les termes qui résulteront de ces diverses substitutions, que le nombre que nous voulons calculer est représenté par la série

$$C^{(2p-n)} + \frac{m+n+1}{1} C^{(2p-n-2)} + \frac{m+n+3}{1} \cdot \frac{m+n+4}{2} C^{(2p-n-4)} +$$

$$\ldots + \frac{2p+m-n-2s-1}{1} \cdot \frac{2p+m-n-2s-2}{2} \ldots \frac{p+m-s}{p-n-s} \, C^{(n+2s)} + \text{etc.}$$

ou ce qui revient au même (49.) par

$$C^{(2p-n)} + \frac{k+1}{1} C^{(2p-n-2)} + \frac{k+3}{1} \cdot \frac{k+2}{2} C^{(2p-n-4)} +$$

$$\ldots + \frac{k+2(p-n-s)-1}{1} \cdot \frac{k+2(p-n-s)-2}{2} \ldots \frac{k+p-n-s}{p-n-s} \, C^{(n+2s)} + \text{etc.}$$

il suit de tout ce que nous venons de dire, que

$$B^{(m+2p)} = \frac{m+2p-1}{1} \cdot \frac{m+2p-2}{2} \ldots \frac{m+p}{p} -$$

$$B^{(m+2p-2)} - \frac{3}{1} B^{(m+2p-4)} - \frac{5}{1} \cdot \frac{4}{2} B^{(m+2p-6)} - \ldots$$

$$- \frac{2p-2r-1}{1} \cdot \frac{2p-2r-2}{2} \ldots \frac{p-r+1}{p-r-1} B^{(m+2r)} - \text{etc.}$$

$$- C^{(2p-n)} - \frac{k+1}{1} C^{(2p-n-2)} - \frac{k+3}{1} \cdot \frac{k+2}{2} C^{(2p-n-4)} - \ldots$$

$$- \frac{k+2(p-n-s)-1}{1} \cdot \frac{k+2(p-n-s)-2}{2} \ldots \frac{k+p-n-s}{p-n-s} C^{(n+2s)} - \text{etc.} \; [12].$$

51. Si l'on double cette équation, et qu'on en retranche l'équation [11], tous les termes affectés de

$$B^{(m+2p-2)}, \; B^{(m+2p-4)}, \; B^{(m+2p-6)}, \; \ldots \; B^{(m+2r)}, \; \text{etc.}$$

disparaîtront, et il restera

$$B^{(m+2p)} = \frac{2m+2p}{1} \cdot \frac{m+2p-1}{2} \cdot \frac{m+2p-2}{3} \ldots \frac{m+p+1}{p}$$

$$- 2 C^{(2p-n)} - \frac{2k+2}{1} C^{(2p-n-1)} - \frac{2k+4}{1} \cdot \frac{k+3}{2} C^{(2p-n-4)} -$$

$$\frac{2k+2(p-n-s)}{1} \cdot \frac{k+2(p-n-s)-1}{2} \ldots \frac{k+p-n-s+1}{p-n-s} C^{(n+2s)} - \text{etc.}$$

$$- \frac{m+2p}{1} \cdot \frac{m+2p-1}{2} \cdot \frac{m+2p-2}{3} \ldots \frac{m+p+1}{p}$$

D 2

$$+ \, C^{(2p-n)} + \frac{k+2}{1} \, C^{(2p-n-2)} + \frac{k+4}{1} \cdot \frac{k+3}{2} \, C^{(2p-n-4)} +$$

$$\cdots \qquad\qquad\qquad\qquad\qquad\qquad\qquad\qquad\qquad \cdots$$

$$+ \frac{k+2(p-n-s)}{1} \cdot \frac{k+2(p-n-s)-1}{2} \cdots \frac{k+p-n-s+1}{p-n-s} \, C^{(n+2s)} + \text{etc.}$$

qui se réduit à

$$B^{(m+2p)} = \frac{m}{1} \cdot \frac{m+2p-1}{2} \cdot \frac{m+2p-2}{3} \cdots \frac{m+p+1}{p} \; -$$

$$C^{(2p-n)} - \frac{k}{1} C^{(2p-n-2)} - \frac{k}{1} \cdot \frac{k+3}{2} \, C^{(2p-n-4)} - \cdots$$

$$\frac{k}{1} \cdot \frac{k+5}{2} \cdot \frac{k+4}{3} \, C^{(2p-n-6)} - \cdots$$

$$- \frac{k}{1} \cdot \frac{k+2(p-n-s)-1}{2} \cdot \frac{k+2(p-n-s)-2}{3} \cdots \frac{k+p-n-s+1}{p-n-s} C^{(n+2s)} - \text{etc.} \, [13].$$

52. Si l'on fait attention que $C^{(n)} = 1$, et que tout terme de la suite des C, dont l'indice serait plus petit, égalerait zéro, on verra facilement que tant que $2p - n$ est plus petit que n, c'est-à-dire tant que p est plus petit que n, on a simplement

$$B^{(m+2p)} = \frac{m}{1} \cdot \frac{m+2p-1}{2} \cdot \frac{m+2p-2}{3} \cdots \cdots \frac{m+p+1}{p},$$

qui est précisément la valeur que nous avons trouvée pour $A^{(m+2p)}$ dans le problème précédent, d'où il suit que les premiers termes de la série des B, sont les mêmes que ceux de la série des A. Pour déterminer le nombre des termes communs à ces deux suites, il suffit d'observer que $m + 2p$ représentant toujours l'indice d'un terme quelconque, leur premier terme répond à $p = 0$, et le dernier de ceux qui sont les mêmes dans les deux séries à $2p - n = n - 2$, ou $p = n - 1$, ce qui donne n termes communs ; celui qui vient après ces n termes correspond à $p = n$, et ce terme, qui est représenté par $B^{(m+2n)}$, se trouve par conséquent égal à

$$\frac{m}{1} \cdot \frac{m+2n-1}{2} \cdot \frac{m+2n-2}{3} \cdots \frac{m+n+1}{n} - C^{(n)} =$$

$$\frac{m}{1} \cdot \frac{m+2n-1}{2} \cdot \frac{m+2n-2}{3} \cdots \frac{m+n+1}{n} - 1,$$

valeur moindre d'une unité que le terme correspondant de la série des A,

$$A^{(m+2n)} = \frac{m}{1} \cdot \frac{m+2n-1}{2} \cdot \frac{m+2n-2}{3} \cdots \frac{m+n+1}{n}.$$

53. Si l'on retranche l'équation [13] de l'équation [11], après avoir mis celle-ci sous la forme

$$B^{(m+2p)} + 2B^{(m+2p-2)} + 2\frac{3}{1}B^{(m+2p-4)} + 2\frac{5}{1}\cdot\frac{4}{2}B^{(m+2p-6)} + \cdots$$

$$\cdots$$

$$+ 2\frac{2p-2r-1}{1}\cdot\frac{2p-2r-2}{2}\cdot\frac{2p-2r-3}{3}\cdots\frac{p-r+1}{p-r-1}B^{(m+2r)} + \text{etc.} =$$

$$\frac{m+2p}{1}\cdot\frac{m+2p-1}{2}\cdot\frac{m+2p-2}{3}\cdots\frac{m+p+1}{p} - C^{(2p-n)} -$$

$$\frac{k+2}{1}C^{(2p-n-2)} - \frac{k+4}{1}\cdot\frac{k+3}{2}C^{(2p-n-4)} - \frac{k+6}{1}\cdot\frac{k+5}{2}\cdot\frac{k+4}{3}C^{(2p-n-6)} -$$

$$\cdots$$

$$- \frac{k+2(p-n-s)}{1}\cdot\frac{k+2(p-n-s)-1}{2}\cdots\frac{k+p-n-s+1}{p-n-s}C^{(n+2s)} - \text{etc.} \ [14],$$

tous les termes de l'équation restante seront divisibles par 2, et l'on obtiendra après avoir exécuté cette division

$$B^{(m+2p-2)} + \frac{3}{1}B^{(m+2p-4)} + \frac{5}{1}\cdot\frac{4}{2}B^{(m+2p-6)} + \cdots$$

$$\cdots$$

$$+ \frac{2p-2r-1}{1}\cdot\frac{2p-2r-2}{2}\cdot\frac{2p-2r-3}{3}\cdots\frac{p-r+1}{p-r-1}B^{(m+2r)} + \text{etc.} =$$

$$\frac{m+2p-1}{1}\cdot\frac{m+2p-2}{2}\cdot\frac{m+2p-3}{3}\cdots\cdots\frac{m+p+1}{p-1} -$$

$$C^{(2p-n-2)} - \frac{k+3}{1}C^{(2p-n-n)} - \frac{k+5}{1}\cdot\frac{k+4}{2}C^{(2p-n-6)} -$$

$$\cdots$$

$$- \frac{k+2(p-n-s)-1}{1}\cdot\frac{k+2(p-n-s)-2}{2}\cdot\frac{k+2(p-n-s)-3}{3}\cdots\frac{k+p-n-s+1}{p-n-s-1}C^{(n+2s)} - \text{etc.} \ [1$$

Cette équation devant avoir lieu pour toutes les valeurs de p, on pourra y écrire $p+1$ au lieu de p, et l'on aura

$$B^{(m+2p)} + \frac{3}{1}B^{(m+2p-2)} + \frac{5}{1}\cdot\frac{4}{2}B^{(m+2p-4)} + \cdots$$

$$\cdots$$

$$+ 2\frac{2p-2r+1}{1}\cdot\frac{2p-2r}{2}\cdot\frac{2p-2r-1}{3}\cdots\frac{p-r+2}{p-r}B^{(m+2r)} + \text{etc.} =$$

$$\frac{m+2p+1}{1}\cdot\frac{m+2p}{2}\cdot\frac{m+2p-1}{3}\cdots\cdots\frac{m+p+2}{p} -$$

$$C^{(2p-n)} - \frac{k+3}{1} C^{(2p-n-2)} - \frac{k+5}{1} \cdot \frac{k+4}{2} C^{(2p-n-4)} -$$

$$\frac{k+7}{1} \cdot \frac{k+6}{2} \cdot \frac{k+5}{3} C^{(2p-n-6)} -$$

$$\cdots \cdots \cdots \cdots \cdots \cdots ;$$

$$- \frac{k+2(p-n-s)+1}{1} \cdot \frac{k+2(p-n-s)}{2} \cdot \frac{k+2(p-n-s)-1}{3} \cdots \frac{k+p-n-s+2}{p-n-s} C^{(n+2s)} - \text{etc.} \ [16$$

54. En comparant cette équation avec l'équation [14], qui est la même chose que

$$B^{(m+2p)} + \frac{2}{1} B^{(m+2p-2)} + \frac{4}{1} \cdot \frac{3}{2} B^{(m+2p-4)} + \frac{6}{1} \cdot \frac{5}{2} \cdot \frac{4}{3} B^{(m+2p-6)} +$$

$$+ \frac{2p-2r}{1} \cdot \frac{2p-2r-1}{2} \cdot \frac{2p-2r-2}{3} \cdots \frac{p-r+1}{p-r} B^{(m+2r)} + \text{etc.} =$$

$$\frac{m+2p}{1} \cdot \frac{m+2p-1}{2} \cdot \frac{m+2p-2}{3} \cdots \cdots \frac{m+p+1}{p} -$$

$$C^{(2p-n)} - \frac{k+2}{1} C^{(2p-n-2)} - \frac{k+4}{1} \cdot \frac{k+3}{2} C^{(2p-n-4)} - \frac{k+6}{1} \cdot \frac{k+5}{2} \cdot \frac{k+4}{3} C^{(2p-n-6)} -$$

$$\cdots \cdots \cdots \cdots \cdots$$

$$\frac{k+2(p-n-s)}{1} \cdot \frac{k+2(p-n-s)-1}{2} \cdot \frac{k+2(p-n-s)-2}{3} \cdots \frac{k+p-n-s+1}{p-n-s} C^{(n+2s)} - \text{etc.} \ [17$$

on s'appercevra facilement que ces deux équations ne diffèrent que par les numérateurs des coëfficiens, dont tous les facteurs ont augmenté d'une unité par les opérations qui ont conduit de l'équation [14] à l'équation [16]. Les coëfficiens de celle-ci éprouvent le même changement si on retranche de cette équation l'équation [17], et qu'on substitue ensuite $p+1$ à p, car on a généralement

$$\frac{2p-2r+1}{1} \cdot \frac{2p-2r}{2} \cdot \frac{2p-2r-1}{3} \cdots \cdots \cdots \frac{p-r+2}{p-r} -$$

$$\frac{2p-2r}{1} \cdot \frac{2p-2r-1}{2} \cdot \frac{2p-2r-2}{3} \cdots \cdots \frac{p-r+1}{p-r} =$$

$$\frac{p-r}{1} \cdot \frac{2p-2r}{2} \cdot \frac{2p-2r-1}{3} \cdot \frac{2p-2r-2}{4} \cdots \cdots \frac{p-r+2}{p-r} =$$

$$\frac{2p-2r}{1} \cdot \frac{2p-2r-1}{2} \cdot \frac{2p-2r-2}{3} \cdots \cdots \frac{p-r+2}{p-r-1} ,$$

$$\frac{m+2p+1}{1} \cdot \frac{m+2p}{2} \cdot \frac{m+2p-1}{3} \cdots \cdots \frac{m+p+2}{p} -$$

$$- \frac{m+2p}{1} \cdot \frac{m+2p-1}{2} \cdot \frac{m+2p-2}{3} \cdots \cdots \frac{m+p+1}{p} =$$

$$\frac{m+2p}{1} \cdot \frac{m+2p-1}{2} \cdot \frac{m+2p-2}{3} \ldots \frac{m+p+2}{p-1}, \text{ et}$$

$$\frac{k+2(p-n-s)+1}{1} \cdot \frac{k+2(p-n-s)}{2} \cdot \frac{k+2(p-n-s)-1}{3} \ldots \frac{k+p-n-s+2}{p-n-s}$$

$$\frac{k+2(p-n-s)}{1} \cdot \frac{k+2(p-n-s)-1}{2} \cdot \frac{k+2(p-n-s)-2}{3} \ldots \frac{k+p-n-s+1}{p-n-s} =$$

$$\frac{k+2(p-n-s)}{1} \cdot \frac{k+2(p-n-s)-1}{2} \cdot \frac{k+2(p-n-s)-2}{3} \ldots \frac{k+p-n-s+2}{p-n-s-1},$$

ce qui réduit l'équation restante à

$$B^{(m+2p-2)} + \frac{4}{1} B^{(m+2p-4)} + \frac{6}{1} \cdot \frac{5}{2} B^{(m+2p-6)} + \ldots$$

$$+ \frac{2p-2r}{1} \cdot \frac{2p-2r-1}{2} \cdot \frac{2p-2r-2}{3} \ldots \frac{p-r+2}{p-r-1} B^{(m+2r)} + \text{etc.} =$$

$$\frac{m+2p}{1} \cdot \frac{m+2p-1}{2} \cdot \frac{m+2p-2}{3} \ldots \frac{m+p+2}{p-1} -$$

$$C^{(2p-n-2)} - \frac{k+4}{1} C^{(2p-n-4)} - \frac{k+6}{1} \cdot \frac{k+5}{2} C^{(2p-n-6)} - \ldots$$

$$- \frac{k+2(p-n-s)}{1} \cdot \frac{k+2(p-n-s)-1}{3} \cdot \frac{k+2(p-n-s)-2}{3} \ldots \frac{k+p-n-s+2}{p-n-s-1} C^{(n+2s)} - \text{etc.}$$

ou à

$$B^{(m+2p)} + \frac{4}{1} B^{(m+2p-2)} + \frac{6}{1} \cdot \frac{5}{2} B^{(m+2p-4)} + \frac{8}{1} \cdot \frac{7}{2} \cdot \frac{6}{3} B^{(m+2p-6)} +$$

$$\frac{2p-2r+2}{1} \cdot \frac{2p-2r+1}{2} \cdot \frac{2p-2r}{3} \ldots \frac{p-r+3}{p-r} B^{(m+2r)} + \text{etc.} =$$

$$\frac{m+2p+2}{1} \cdot \frac{m+2p+1}{2} \cdot \frac{m+2p}{3} \ldots \frac{m+p+3}{p} -$$

$$C^{(2p-n)} - \frac{k+4}{1} C^{(2p-n-s)} + \frac{k+6}{1} \cdot \frac{k+5}{2} C^{(2p-n-4)} - \frac{k+8}{1} \cdot \frac{k+7}{2} \cdot \frac{k+6}{3} C^{(2p-n-6)} -$$

$$\frac{k+2(p-n-s)+2}{1} \cdot \frac{k+2(p-n-s)+1}{2} \cdot \frac{k+2(p-n-s)}{3} \ldots \frac{k+p-n-s+3}{p-n-s} C^{(n+2s)} - \text{etc.}$$

en y écrivant $p+1$ au lieu de p.

55. Si l'on fait attention que cette augmentation d'un unité dans les facteurs des numérateurs de ces équations, est une suite nécessaire de leur forme, on

se convaincra aisément qu'elle a lieu à chaque transformation qu'on peut faire successivement, et que les différentes équations qui en résultent ne sont par conséquent que des cas particuliers d'une formule générale qu'on trouvera en nommant u le nombre de ces transformations, à partir de l'équation [17]. Il suffira d'ajouter u à chacun des facteurs des numérateurs de cette équation, ce qui donnera

$$B^{(m+2p)} + \frac{u+2}{1} B^{(m+2p-2)} + \frac{u+4}{1} \cdot \frac{u+3}{2} B^{(m+2p-4)} + \frac{u+6}{1} \cdot \frac{u+5}{2} \cdot \frac{u+4}{3} B^{(m+2p-6)} +$$

$$+ \frac{u+2p-2r}{1} \cdot \frac{u+2p-2r-1}{2} \cdot \frac{u+2p-2r-2}{3} \cdots \frac{u+p-r+1}{p-r} B^{(m+2r)} + \text{etc.} =$$

$$\frac{u+m+2p}{1} \cdot \frac{u+m+2p-1}{2} \cdot \frac{u+m+2p-2}{3} \cdots \frac{u+m+p+1}{p} -$$

$$C^{(2p-n)} - \frac{u+k+2}{1} C^{(2p-n-2)} - \frac{u+k+4}{1} \cdot \frac{u+k+3}{2} C^{(2p-n-4)} - \frac{k+u+6}{1} \cdot \frac{k+u+5}{2} \cdot \frac{k+u+4}{3} C^{(2p-n-6)} -$$

$$- \frac{u+k+2(p-n-s)}{1} \cdot \frac{u+k+2(p-n-s)-1}{2} \cdot \frac{u+k+2(p-n-s)-2}{3} \cdots \frac{u+k+p-n-s+1}{p-n-s} C^{(n+2s)} - \text{etc. [18]}.$$

56. Quoique la démonstration précédente ne s'applique immédiatement qu'au cas où u est un nombre entier positif, il est facile d'en conclure en raisonnant comme nous l'avons fait à l'égard de la formule analogue du problême précédent, que celle que nous venons de trouver a aussi lieu quelque soit la valeur de u ; on pourra donc, afin d'avoir immédiatement le cas le plus simple, le seul dont nous ayons besoin, supposer que $u = - k$, ce qui donnera

$$B^{(m+2p)} + \frac{2-k}{1} B^{(m+2p-2)} + \frac{4-k}{1} \cdot \frac{3-k}{2} B^{(m+2p-4)} + \frac{6-k}{1} \cdot \frac{5-k}{2} \cdot \frac{4-k}{3} B^{(m+2p-6)} +$$

$$+ \frac{2p-2r-k}{1} \cdot \frac{2p-2r-k-1}{2} \cdot \frac{2p-2r-k-2}{3} \cdots \frac{p-r-k+1}{p-r} B^{(m+2r)} + \text{etc.}$$

$$= \frac{m+2p-k}{1} \cdot \frac{m+2p-k-1}{2} \cdot \frac{m+2p-k-2}{3} \cdots \frac{m+p-k+1}{p} -$$

$$C^{(2p-n)} - \frac{2}{1} C^{(2p-n-2)} - \frac{4}{1} \cdot \frac{3}{2} C^{(2p-n-4)} - \frac{6}{1} \cdot \frac{5}{2} \cdot \frac{4}{3} C^{(2p-n-6)} -$$

$$- \frac{2(p-n-s)}{1} \cdot \frac{2(p-n-s)-1}{2} \cdot \frac{2(p-n-s)-2}{3} \cdots \frac{p-n-s+1}{p-n-s} C^{(n+2s)} - \text{etc.}$$

$$= \frac{2p-n}{1} \cdot \frac{2p-n-1}{2} \cdot \frac{2p-n-2}{3} \cdots \frac{p-n+1}{p} -$$

C

$$C^{(2p-n)} - 2C^{(2p-n-2)} - 2\frac{3}{1}C^{(2p-n-4)} - 2\frac{5}{1}\cdot\frac{4}{2}C^{(2p-n-6)} -$$

. . . .

$$- 2\frac{2(p-n-s)-1}{1}\cdot\frac{2(p-n-s)-2}{2}\cdot\frac{2(p-n-s)-3}{3}\ldots\frac{p-n-s+1}{p-n-s-1}C^{(n+2s)} - \text{etc. [19]},$$

en mettant à la place de k sa valeur $m+n$.

57. La forme des coëfficiens du premier membre de cette équation, fait voir qu'il y existe une lacune depuis le terme pour lequel $2p-2r-k=0$, dont l'indice $m+2r=m+2p-k=2p-n$, jusqu'à celui pour lequel $p-r-k+1=0$, dont l'indice $m+2r=m+2(p-k+1)=2p-m-2n+2=2p-n-k+2$, ces termes, et tous les termes intermédiaires se réduisent à zéro, parce qu'un des facteurs de leurs coëfficiens s'évanouit, le premier membre se trouve ainsi divisé en deux parties, dont la première peut s'écrire ainsi :

$$B^{(m+2p)} - \frac{k-2}{1}B^{(m+2p-2)} + \frac{k-4}{1}\cdot\frac{k-3}{2}B^{(m+2p-4)} - \frac{k-6}{1}\cdot\frac{k-5}{2}\cdot\frac{k-4}{3}B^{(m+2p-6)} +$$

. . . .

$$+ \frac{k-2(p-r)}{1}\cdot\frac{k-2(p-r)+1}{2}\cdot\frac{k-2(p-r)+2}{3}\ldots\frac{k-p+r-1}{p-r}B^{(m+2r)} \mp \text{etc.}$$

jusqu'à ce qu'on arrive à un terme dont le coëfficient s'évanouisse ; la seconde partie du premier membre doit commencer au terme pour lequel $p-r=k$, et $2(p-r)-k=k$, ce terme est

$$\frac{k}{1}\cdot\frac{k-1}{2}\cdot\frac{k-2}{3}\ldots\ldots\frac{1}{k}B^{(2p-n-k)},$$

elle sera par conséquent représentée par la suite

$$\frac{k}{1}\cdot\frac{k-1}{2}\cdot\frac{k-2}{3}\ldots\frac{1}{k}B^{(2p-n-k)} + \frac{k+2}{1}\cdot\frac{k+1}{2}\cdot\frac{k}{3}\ldots\frac{2}{k+1}B^{(2p-n-k-2)} +$$

$$+ \frac{k+4}{1}\cdot\frac{k+3}{2}\cdot\frac{k+2}{3}\ldots\frac{3}{k+2}B^{(2p-n-k-4)} + \frac{k+6}{1}\cdot\frac{k+5}{2}\cdot\frac{k+4}{3}\ldots\frac{4}{k+3}B^{(2p-n-k-6)} +$$

. . . .

$$+ \frac{2p-2r-k}{1}\cdot\frac{2p-2r-k-1}{2}\cdot\frac{2p-2r-k-2}{3}\ldots\frac{p-r-k+1}{p-r}B^{(m+2r)} + \text{etc.}$$

dont les premiers termes ont été formés du terme général

$$\frac{2p-2r-k}{1}\cdot\frac{2p-2r-k-1}{2}\cdot\frac{2p-2r-k-2}{3}\ldots\frac{p-r-k+1}{p-r}B^{(m+2r)},$$

en y faisant successivement $r=p-k$, $r=p-k-1$, $r=p-k-2$, etc.

58. Il est aisé de voir qu'il y a dans tous les termes de cette suite, k facteurs qui se trouvent en même temps au numérateur et au dénominateur, et

E

qui sont dans le terme général

$$p-r-k+1, \quad p-r-k+2, \quad p-r-k+3 \quad . \quad . \quad . \quad . \quad . \quad p-r,$$

c'est pourquoi elle se réduit à cette forme plus simple

$$B^{(2p-n-k)} + \frac{k+2}{1} B^{(2p-n-k-2)} + \frac{k+4}{1} \cdot \frac{k+3}{2} B^{(2p-n-k-4)} +$$

$$\frac{k+6}{1} \cdot \frac{k+5}{2} \cdot \frac{k+4}{3} \cdot B^{(2p-n-k-6)} + \quad . \quad . \quad .$$

$$. \quad . \quad . \quad .$$

$$+ \frac{2p-2r-k}{1} \cdot \frac{2p-2r-k-1}{2} \cdot \frac{2p-2r-k-2}{3} \ldots \frac{p-r+1}{p-r-k} B^{(m+2r)} + \text{etc.}$$

et l'équation [19] devient

$$B^{(m+2p)} - \frac{k-2}{1} B^{(m+2p-2)} + \frac{k-4}{1} \cdot \frac{k-3}{2} B^{(m+2r-4)} - \frac{k-6}{1} \cdot \frac{k-5}{2} \cdot \frac{k-4}{3} B^{(m+2r-6)} +$$

$$\pm \frac{k-2(v-r)}{1} \cdot \frac{k-2(p-r)+1}{2} \cdot \frac{k-2(p-r)+2}{3} \ldots \frac{k-p+r-1}{p-r} B^{(m+2r)} \mp \text{etc.}$$

$$+ B^{(2p-n-k)} + \frac{k+2}{1} B^{(2p-n-k-2)} + \frac{k+4}{1} \frac{k+3}{2} B^{(2p-n-k-4)} + \frac{k+6}{1} \frac{k+5}{2} \frac{k+4}{3} B^{(2p-n-k-6)} +$$

$$. \quad . \quad . \quad .$$

$$+ \frac{2p-2r'-k}{1} \cdot \frac{2p-2r'-k-1}{2} \cdot \frac{2p-2r'-k-2}{3} \ldots \frac{p-r'+1}{p-r'-k} B^{(m+2r')} + \text{etc.}$$

$$= \frac{2p-n}{1} \cdot \frac{2p-n-1}{2} \cdot \frac{2p-n-2}{3} \ldots \ldots \frac{p-n+1}{p} -$$

$$C^{(2p-n)} - 2 C^{(2p-n-2)} - 2 \frac{3}{1} C^{(2p-n-4)} - 2 \frac{5}{1} \cdot \frac{4}{2} C^{(2p-n-6)} -$$

$$. \quad . \quad . \quad .$$

$$- 2 \frac{2(p-n-s)-1}{1} \cdot \frac{2(p-n-s)-2}{2} \cdot \frac{2(p-n-s)-3}{3} \ldots \frac{p-n-s+1}{p-n-s-1} C^{(n+2s)} - \text{etc.} [20],$$

où j'ai désigné par r' la valeur de r plus petite que $p-k$, tandis que r
continue à représenter celle qui est plus grande que $\frac{2p-k}{2}$.

59. Si l'on se rappelle maintenant que $C^{(2p-n)}$ est le nombre des arrangemens
dont $2p-n$ parties sont susceptibles, dans la supposition que la dernière achève
de ruiner le joueur C, sans que ni lui ni le joueur B ait été ruiné à aucune
des parties précédentes ; on verra qu'on peut faire à l'égard de $C^{(2p-n)}$ ce
que nous avons fait (47 et suiv.) à l'égard de $B^{(m+2p)}$. Pour cela on

observera que les arrangemens dont le nombre est représenté par $C^{(2p-n)}$, doivent être composés chacun de $p-n$ parties gagnées par le joueur C, et de p parties perdues par le même joueur, puisque ce n'est que dans cette hypothèse qu'il reste en perte, sur les $2p-n$ parties, des n parties qui lui enlèvent toute sa fortune. Mais on sait que $2p-n$ parties peuvent se partager de

$$\frac{2p-n}{1} \cdot \frac{2p-n-1}{2} \cdot \frac{2p-n-2}{3} \cdots \frac{p-n+1}{p} \,*$$

manières différentes, en deux groupes, l'un de p, et l'autre de $p-n$ parties. il ne s'agit donc plus que de retrancher du nombre exprimé par cette formule, 1°. le nombre de ceux de ces arrangemens qui supposeraient le joueur C ruiné à l'une des parties précédentes, et qu'on trouve en représentant toujours l'indice de cette partie par $n+2s$, et en observant que le joueur C n'a pu y être ruiné que par des arrangemens de s parties gagnées, et de $n+s$ parties perdues, dont le nombre est désigné par $C^{(n+2s)}$, et auxquels il faut joindre $p-n-s$ parties gagnées, et autant de parties perdues, ce qui peut s'exécuter de

$$\frac{2(p-n-s)}{1} \cdot \frac{2(p-n-s)-1}{2} \cdot \frac{2(p-n-s)-2}{3} \cdots \frac{p-n-s+1}{p-n-s} \,,$$

ou ce qui revient au même de

$$2\frac{2(p-n-s)-1}{1} \cdot \frac{2(p-n-s)-2}{2} \cdot \frac{2(p-n-s)-3}{3} \cdots \frac{p-n-s+1}{p-n-s-1}$$

manières différentes : on aura ainsi la formule

$$2\frac{2(p-n-s)-1}{1} \cdot \frac{2(p-n-s)-2}{2} \cdot \frac{2(p-n-s)-3}{3} \cdots \frac{p-n-s+1}{p-n-s-1} C^{(n+2s)} \,,$$

dans laquelle il faudra donner successivement à s toutes les valeurs possibles, en nombres entiers, depuis $s=0$ jusqu'à $s=p-n-1$. On a dans cette dernière supposition $n+2s=2p-n-2$, et il est évident qu'on ne pourrait assigner à s une valeur plus grande sans rendre négatif ou nul le nombre $p-n-s$ des parties gagnées et des parties perdues, entre la partie dont le rang est $n+2s$, et celle dont le rang est $2p-n$.

60. Commençons par la dernière de ces substitutions, et réunissons tous les résultats qu'elles donnent successivement, nous trouverons pour la première série des termes à retrancher

---

* On pourrait prendre l'expression équivalente et plus simple

$$\frac{2p-n}{1} \cdot \frac{2p-n-1}{2} \cdot \frac{2p-n-2}{3} \cdots \frac{p+1}{p-n} \,,$$

mais elle conduirait moins directement au résultat que je me propose d'obtenir.

$$2\,\overset{(2p-n-2)}{C} + 2\,\frac{3}{1}\,\overset{(2p-n-4)}{C} + 2\,\frac{5.4}{1.2}\,\overset{(2p-n-6)}{C} +$$

$$\cdots\cdots\cdots\cdots\cdots\cdots$$

$$+ 2\,\frac{2(p-n-s)-1}{1}\cdot\frac{2(p-n-s)-2}{2}\cdot\frac{2(p-n-s)-3}{3}\cdots\frac{p-n-s+1}{p-n-s-1}\,\overset{(n+2s)}{C} +\text{ etc.}$$

2°. le nombre des arrangemens qui auraient amené la ruine du joueur B avant la partie dont le rang est désigné par $2p-n$. Ceux-ci sont composés d'un nombre $m+r'$ de parties gagnées par le joueur C, et d'un nombre r' de parties perdues par le même joueur, qui ont ruiné son adversaire à la partie dont le rang est $m+2r'$, et auxquelles il faut joindre $p-n-m-r' = p-k-r'$ parties gagnées par le joueur C, et $p-r'$ parties perdues par le même joueur, pour avoir des arrangemens de $p-n$ parties gagnées, et de p perdues, on aura donc la formule

$$\frac{2p-2r'-k}{1}\cdot\frac{2p-2r'-k-1}{2}\cdot\frac{2p-2r'-k-2}{3}\cdots\frac{p-r'+1}{p-r'-k}\,\overset{(m+2r')}{B},$$

et en faisant successivement

$$r'=p-k,\qquad \text{et } m+2r'=m+2p-2k=2p-n-k,$$
$$r'=p-k-1,\quad \text{et } m+2r'=2p-n-k-2,$$
$$r'=p-k-2,\quad \text{et } m+2r'=2p-n-k-4,\text{ etc.}$$

on trouvera que la seconde série à retrancher est

$$\overset{(2p-n-k)}{B} + \frac{k+2}{1}\,\overset{(2p-n-k-2)}{B} + \frac{k+4}{1}\cdot\frac{k+3}{2}\,\overset{(2p-n-k-4)}{B} +$$

$$\frac{k+6}{1}\cdot\frac{k+5}{2}\cdot\frac{k+4}{3}\,\overset{(2p-n-k-6)}{B} + \cdots\cdots\cdots$$

$$+ \frac{2p-2r'-k}{1}\cdot\frac{2p-2r'-k-1}{2}\cdot\frac{2p-2r'-k-2}{3}\cdots\frac{p-r'+1}{p-r'-k}\,\overset{(m+2r')}{B} +\text{ etc.}$$

donc

$$\overset{(2p-n)}{C} = \frac{2p-n}{1}\cdot\frac{2p-n-1}{2}\cdot\frac{2p-n-2}{3}\cdots\frac{p-n+1}{p}$$

$$2\,\overset{(2p-n-2)}{C} - 2\,\frac{3}{1}\,\overset{(2p-n-4)}{C} - 2\,\frac{5.4}{1.2}\,\overset{(2p-n-6)}{C} +$$

$$\cdots\cdots\cdots\cdots\cdots\cdots$$

$$- 2\,\frac{2(p-n-s)-1}{1}\cdot\frac{2(p-n-s)-2}{2}\cdot\frac{2(p-n-s)-3}{3}\cdots\frac{p-n-s+1}{p-n-s-1}\,\overset{(n+2s)}{C} -\text{ etc.}$$

$$- \overset{(2p-n-k)}{B} - \frac{k+2}{1}\,\overset{(2p-n-k-2)}{B} - \frac{k+4}{1}\cdot\frac{k+3}{2}\,\overset{(2p-n-k-4)}{B} - \frac{k+6}{1}\cdot\frac{k+5}{2}\cdot\frac{k+4}{3}\,\overset{(2p-n-k-6)}{B} -$$

$$\cdots\cdots\cdots\cdots\cdots\cdots$$

$$\frac{2p-2r'-k}{1}\cdot\frac{2p-2r'-k-1}{2}\cdot\frac{2p-2r'-k-2}{3}\cdots\frac{p-r'+1}{p-r'-k}B^{(m+2r')} - - \text{etc. [21]}.$$

L'équation que nous venons de trouver se change par la transposition en

$$B^{(2p-n-k)} + \frac{k+2}{1}B^{(2p-n-k-2)} + \frac{k+4}{1}\cdot\frac{k+3}{2}B^{(2p-n-k-4)} + \frac{k+6}{1}\cdot\frac{k+5}{2}\cdot\frac{k+4}{3}B^{(2p-n-k-6)} +$$

$$\bullet \quad \bullet \quad \bullet$$

$$+ \frac{2p-2r'-k}{1}\cdot\frac{2p-2r'-k-1}{2}\cdot\frac{2p-2r'-k-2}{3}\cdots\frac{p-r'+1}{p-r'-k}B^{(m+2r')} + \text{etc.} =$$

$$\frac{2p-n}{1}\cdot\frac{2p-n-1}{2}\cdot\frac{2p-n-2}{3}\cdots\frac{p-n+1}{p} -$$

$$C^{(2p-n)} - 2C^{(2p-n-2)} - 2\frac{3}{1}C^{(2p-n-4)} - 2\frac{5}{1}\cdot\frac{4}{2}C^{(2p-n-6)} -$$

$$\bullet \quad \bullet \quad \bullet$$

$$- 2\frac{2(p-n-s)-1}{1}\cdot\frac{2(p-n-s)-2}{2}\cdot\frac{2(p-n-s)-3}{3}\cdots\frac{p-n-s+1}{p-n-s-1}C^{(n+2s)} - \text{etc.}$$

dont tous les termes font partie de l'équation [20]; il suffit donc pour la retrancher de cette équation, d'y supprimer tous ces termes, ce qui donne

$$B^{(m+2p)} - \frac{k-2}{1}B^{(m+2p-2)} + \frac{k-4}{1}\cdot\frac{k-3}{2}B^{(m+2p-4)} - \frac{k-6}{1}\cdot\frac{k-5}{2}\cdot\frac{k-4}{3}B^{(m+2p-6)} +$$

$$\bullet \quad \bullet \quad \bullet$$

$$+ \frac{k-2(p-r)}{1}\cdot\frac{k-2(p-r)+1}{2}\cdot\frac{k-2(p-r)+2}{3}\cdots\frac{k-p+r-1}{p-r}B^{(m+2r)} \mp \text{etc.}$$

$$= 0 \text{ [22]}.$$

61. On voit par le procédé qui nous a conduits à cette équation, qu'on ne doit en prolonger le premier membre que jusqu'à ce qu'on parvienne à un terme qui s'évanouisse de lui-même, ce qui arrive dès que r est plus petit que $\frac{2p-k}{2}$, ou qu'il lui est égal, d'où il suit que lorsque k est pair, le dernier terme est celui pour lequel $r = p - \frac{k}{2} + 1$, ce terme est

$$\frac{2}{1}\cdot\frac{3}{2}\cdot\frac{4}{3}\cdots\cdots\frac{\frac{k}{2}}{\frac{k}{2}-1}B^{(m+2p-k+2)} = \frac{k}{2}B^{(2p-n+2)},$$

l'équation [22] est composée, dans ce cas, de $\frac{k}{2}$ termes, puisque r est susceptible de $\frac{k}{2}$ valeurs différentes depuis $r = p - \frac{k}{2} + 1$, jusqu'à $r = p$, mais si k était impair, la dernière valeur de r serait $p - \frac{k-1}{2}$, et le terme correspondant vaudrait

$$\frac{1}{1} \cdot \frac{2}{2} \cdot \frac{3}{3} \cdot \cdots \cdot \frac{k-1 - \frac{k-1}{2}}{\frac{k-1}{2}} \overset{(m+2p-k+1)}{B} = \overset{(2p-n+1)}{B},$$

dans ce cas l'équation [22] aurait $\frac{k-1}{2} + 1 = \frac{k+1}{2}$ termes, car c'est-là le nombre des valeurs qu'on peut donner à r depuis $r = p - \frac{k-1}{2}$ jusqu'à $r = p$, inclusivement.

62. Dans l'un et dans l'autre cas, le nombre des termes de la série des B qui entrent dans l'équation [22], étant constant, chacun d'eux se forme des précédens, en vertu d'une équation du premier degré d'un nombre déterminé de termes, et la série des probabilités du joueur B

$$\overset{(m)}{B} \frac{1}{(1+q)^m} + \overset{(m+2)}{B} \frac{q}{(1+q)^{m+2}} + \overset{(m+4)}{B} \frac{q^2}{(1+q)^{m+4}} +$$

$$\cdots \cdots + \overset{(m+2p)}{B} \frac{q^p}{(1+q)^{m+2p}} + \text{ etc.}$$

est du nombre de celles qu'on appelle récurrentes. Toute série de cette espece étant le développement d'une fraction rationnelle, il suffit de déterminer la valeur de la fraction qui répond à la série que nous venons de trouver, pour avoir la limite des probabilités que le joueur B finira par se ruiner s'il continue indéfiniment à jouer

63. La série étant mise sous la forme

$$\frac{1}{(1+q)^m} \left(\overset{(m)}{B} + \overset{(m+2)}{B} \frac{q}{(1+q)^2} + \overset{(m+4)}{B} \frac{q^2}{(1+q)^4} + \overset{(m+6)}{B} \frac{q^3}{(1+q)^6} + \right.$$

$$\cdots \cdots \cdots + \overset{(m+2p)}{B} \frac{q^p}{(1+q)^{2p}} + \text{ etc.} \left. \right)$$

elle se trouvera ordonnée suivant les puissances successives de la quantité $\frac{q}{(1+q)^2}$, et d'après la théorie connue des séries récurrentes, l'équation

$$\overset{(m+2p)}{B} - \frac{k-2}{1} \overset{(m+2p-2)}{B} + \frac{k-4}{1} \cdot \frac{k-3}{2} \overset{(m+2p-4)}{B} - \frac{k-6}{1} \cdot \frac{k-5}{2} \cdot \frac{k-4}{3} \overset{(m+2p-6)}{B} +$$

$$\cdots \cdots \cdots + \frac{k-2(p-r)}{1} \cdot \frac{k-2(p-r)+1}{2} \cdot \frac{k-2(p-r)+2}{3} \cdots \frac{k-p+r-1}{p-r} \overset{(m+2r)}{B} + \text{etc.} = 0,$$

dont le second membre peut être regardé comme ayant été réduit à zéro par la transposition, aura pour premier membre le dénominateur de la fraction génératrice de la série

$$B^{(m)} + B^{(m+2)} \frac{q}{(1+q)^2} + B^{(m+4)} \frac{q^2}{(1+q)^4} + B^{(m+6)} \frac{q^3}{(1+q)^6} +$$

$$\cdots \cdots \cdots \cdots + B^{(m+2p)} \frac{q^p}{(1+q)^{2p}} + \text{etc.}$$

dans lequel on aurait substitué les termes

$$B^{(m+2p)}, B^{(m+2p-2)}, B^{(m+2p-4)}, B^{(m+2p-6)}, \ldots B^{(m+2r)}, \text{etc.}$$

à la place des puissances successives

$$\frac{q^0}{(1+q)^0} = 1, \frac{q^1}{(1+q)^2}, \frac{q^2}{(1+q)^4}, \frac{q^3}{(1+q)^6}, \ldots \frac{q^{p-r}}{(1+q)^{2p-2r}}, \text{etc.}$$

de la quantité $\dfrac{q}{(1+q)^2}$. On obtiendra donc le dénominateur de cette fraction en substituant au contraire

$$1, \frac{q}{(1+q)^2}, \frac{q^2}{(1+q)^4}, \frac{q^3}{(1+q)^6}, \ldots \ldots \frac{q^{p-r}}{(1+q)^{2p-2r}}, \text{etc.}$$

à la place de

$$B^{(m+2p)}, B^{(m+2p-2)}, B^{(m+2p-4)}, B^{(m+2p-6)}, \ldots B^{(m+2r)}, \text{etc.}$$

dans le premier membre de l'équation [22], ce qui donnera

$$1 - \frac{k-2}{1} \cdot \frac{q}{(1+q)^2} + \frac{k-4}{1} \cdot \frac{k-3}{2} \cdot \frac{q^2}{(1+q)^4} - \frac{k-6}{1} \cdot \frac{k-5}{2} \cdot \frac{k-4}{3} \cdot \frac{q^3}{(1+q)^6} \cdots$$

$$+ \frac{k-2(p-r)}{1} \cdot \frac{k-2(p-r)+1}{2} \cdot \frac{k-2(p-r)+2}{3} \cdots \frac{k-p+r-1}{p-r} \cdot \frac{q^{p-r}}{(1+q)^{2p-2r}} + \text{etc.}$$

pour trouver le numérateur de la même fraction, on considérera la série comme le quotient de ce numérateur divisé par le dénominateur que nous venons de déterminer, d'où l'on conclura qu'il suffit pour avoir le numérateur de multiplier la série par ce dénominateur. On exécutera donc la multiplication ainsi qu'il suit:

$$\overset{(m)}{B}+\overset{(m+2)}{B}\frac{q}{(1+q)^2}+\overset{(m+4)}{B}\frac{q^2}{(1+q)^4}+\overset{(m+6)}{B}\frac{q^3}{(1+q)^6}+\cdots+\overset{(m+2r)}{B}\frac{q^r}{(1+q)^{2r}}+\cdots+\overset{(m+2p-6)}{B}\frac{q^{p-3}}{(1+q)^{2p-6}}+\overset{(m+2p-4)}{B}\frac{q^{p-2}}{(1+q)^{2p-4}}+\overset{(m+2p-2)}{B}\frac{q^{p-1}}{(1+q)^{2p-2}}+\overset{(m-2p)}{B}\frac{q^p}{(1+q)^{2p}}+\text{etc.}$$

$$1-\frac{k-2}{1}\cdot\frac{q}{(1+q)^2}-\frac{k-4}{1}\frac{k-3}{2}\frac{q^2}{(1+q)^4}-\frac{k-6}{1}\frac{k-5}{2}\frac{k-4}{3}\frac{q^3}{(1+q)^6}+\cdots+\frac{h-2(p-r)}{1}\cdot\frac{k-2(p-r)+1}{2}\cdot\frac{h-2(p-r)+2}{3}\cdots\cdots\frac{k-p+r-1}{p-r}\cdot\frac{q^{p-r}}{(1+q)^{2p-2r}}\mp\text{et}$$

$$\overset{(m)}{B}+\overset{(m+2)}{B}\frac{q}{(1+q)^2}+\overset{(m+4)}{B}\frac{q^2}{(1+q)^4}+\overset{(m+6)}{B}\frac{q^3}{(1+q)^6}+\cdots\cdots+\overset{(m+2p)}{B}\frac{q^p}{(1+q)^{2p}}+\text{etc.}$$

$$-\frac{k-2}{1}\overset{(m)}{B}\frac{q}{(1+q)^2}-\frac{k-2}{1}\overset{(m+2)}{B}\frac{q^2}{(1+q)^4}-\frac{k-2}{1}\overset{(m+4)}{B}\frac{q^3}{(1+q)^6}-\cdots\cdots-\frac{k-2}{1}\overset{(m+2p-2)}{B}\frac{q^p}{(1+q)^{2p}}-\text{etc.}$$

$$+\frac{k-4}{1}\cdot\frac{k-3}{2}\overset{(m)}{B}\frac{q^2}{(1+q)^4}+\frac{k-4}{1}\cdot\frac{k-3}{2}\overset{(m+2)}{B}\frac{q^3}{(1+q)^6}+\cdots\cdots+\frac{k-4}{1}\cdot\frac{k-3}{2}\overset{(m+2p-4)}{B}\frac{q^p}{(1+q)^{2p}}+\text{etc.}$$

$$-\frac{k-6}{1}\cdot\frac{k-5}{2}\cdot\frac{k-4}{3}\overset{(m)}{B}\frac{q^3}{(1+q)^6}-\cdots-\frac{k-6}{1}\cdot\frac{k-5}{2}\cdot\frac{k-4}{3}\overset{(m+2p-6)}{B}\frac{q^p}{(1+q)^{2p}}-\text{etc.}$$

$$\cdots\cdots\cdots\cdots\cdots\cdots\cdots$$

$$\cdots\pm\frac{k-2(p-r)}{1}\cdot\frac{k-2(p-r)+1}{2}\cdot\frac{h-2(p-r)+2}{3}\cdots\frac{k-p+r-1}{p-r}\overset{(m+2r)}{B}\frac{q^p}{(1+q)^{2p}}\pm\text{etc.}$$

$$\mp\text{etc.}\cdots\cdots\cdots\cdots\cdots\mp\text{etc.}$$

64. La dernière des colonnes que nous avons écrites dans le produit les représente toutes, c'est pourquoi nous aurions pu nous dispenser d'écrire même les premières colonnes de ce produit qu'elle nous aurait données, lorsque nous en aurions eu besoin, en faisant successivement $p = 0$, $p = 1$, $p = 2$, $p = 3$, etc. Or, le coëfficient de $\dfrac{q^p}{(1+q)^{2p}}$ dans cette colonne est précisément la même chose que la partie du premier membre de l'équation [20] qui précède la lacune, en transposant le reste de ce membre, on trouve que ce coëfficient est égal à

$$\frac{2p-n}{1} \cdot \frac{2p-n-1}{2} \cdot \frac{2p-n-2}{3} \cdots \cdots \frac{p-n+1}{p}$$

$$C^{(2p-n)} - 2\,C^{(2p-n-2)} - 2\frac{3}{1}\,C^{(2p-n-4)} - 2\frac{5}{1}\cdot\frac{4}{2}\,C^{(2p-n-6)} - \cdots$$

$$- 2\,\frac{2(p-n-s)-1}{1} \cdot \frac{2(p-n-s)-2}{2} \cdot \frac{2(p-n-s)-3}{3} \cdots \frac{p-n-s+1}{p-n-s-1}\,C^{(n+2s)} - \text{etc.}$$

$$- B^{(2p-n-k)} - \frac{k+2}{1}\,B^{(2p-n-k-2)} - \frac{k+4}{1}\cdot\frac{k+3}{2}\,B^{(2p-n-k-4)} - \frac{k+6}{1}\cdot\frac{k+5}{2}\cdot\frac{k+4}{3}\,B^{(2p-n-k-6)} - $$

$$- \frac{2p-2r'-k}{1} \cdot \frac{2p-2r'-k-1}{2} \cdot \frac{2p-2r'-k-2}{3} \cdots \frac{p-r'+1}{p-r'-k}\,B^{(m+2r')} - \text{etc.}$$

valeur qui se réduit à zéro, d'après ce qu'on a vu (60), en vertu de l'équation [21], dès que cette dernière commence à avoir lieu, c'est-à-dire, dès que $C^{(2p-n)}$, et les autres termes de même nature ne sont pas nuls : toutes les colonnes du produit précédent s'évanouissent donc d'elles-mêmes, aussitôt qu'on est parvenu à des termes pour lesquels $C^{(2p-n)}$, $C^{(2p-n-2)}$, $C^{(2p-n-4)}$, etc., et $B^{(2p-n-k)}$, $B^{(2p-n-k-2)}$, $B^{(2p-n-k-4)}$, etc. cessent de se réduire à zéro.

65. $C^{(2p-n)}$ est la première de ces quantités qui satisfait à cette condition, cela arrive quand $p = n$, puisqu'on a alors $C^{(2p-n)} = C^{(n)} = 1$, il ne faut donc tenir compte que des colonnes pour lesquelles p est plus petit que n, effaçant dans la valeur générale du coëfficient de $\dfrac{q^p}{(1+q)^{2p}}$, les termes que cette supposition fait évanouir, elle se réduit à

$$B^{(m+2p)} - \frac{k-2}{1}\,B^{(m+2p-2)} + \frac{k-4}{1}\cdot\frac{k-3}{2}\,B^{(m+2p-4)} - \frac{k-6}{1}\cdot\frac{k-5}{2}\cdot\frac{k-4}{3}\,B^{(m+2p-6)} + $$

$$\pm \frac{k-2(p-r)}{1} \cdot \frac{k-2(p-r)+1}{2} \cdot \frac{k-2(p-r)+2}{3} \cdots \frac{k-p+r-1}{p-r}\,B^{(m+2r)} \mp \text{etc.} = $$

F

$$\frac{2p-n}{1}.\frac{2p-n-1}{2}.\frac{2p-n-2}{3}\dots\dots\dots\frac{p-n+1}{p}\;[23].$$

66. Cette nouvelle valeur devient encore nulle, par l'évanouissement d'un de ses facteurs, depuis $p=n-1$, jusqu'à $p=\frac{n}{2}$, ou jusqu'à $p=\frac{n+1}{2}$, inclusivement, suivant que n est pair ou impair; il ne restera donc dans le produit que nous venons de trouver que les colonnes pour lesquelles p a une valeur plus petite que $\frac{n}{2}$, et ces colonnes se réduiront chacune à un seul terme, au moyen de l'équation [23], qui donne en y écrivant successivement 0, 1, 2, 3, etc., à la place de p,

$$B^{(m)}=1,$$

$$B^{(m+2)}-\frac{k-2}{1}B^{(m)}=\frac{2-n}{1}=-\frac{n-2}{1},$$

$$B^{(m+4)}-\frac{k-2}{1}B^{(m+2)}+\frac{k-4}{1}.\frac{k-3}{2}B^{(m)}=\frac{4-n}{1}.\frac{3-n}{2}=\frac{n-4}{1}.\frac{n-3}{2},$$

$$B^{(m+6)}-\frac{k-2}{1}B^{(m+4)}+\frac{k-4}{1}.\frac{k-3}{2}B^{(m+2)}-\frac{k-6}{1}\frac{k-5}{2}\frac{k-4}{3}B^{(m)}=\frac{6-n}{1}.\frac{5-n}{2}.\frac{4-n}{3}=-\frac{n-6}{1}.\frac{n-5}{2}.\frac{n-4}{3}.$$

et en général

$$B^{(m+2p)}-\frac{k-2}{1}B^{(m+2p-2)}+\frac{k-4}{1}.\frac{k-3}{2}B^{(m+2p-4)}-\frac{k-6}{1}.\frac{k-5}{2}.\frac{k-4}{3}B^{(m+2p-6)}+$$

$$\dots\dots\dots\dots\dots$$

$$+\frac{k-2(p-r)}{1}.\frac{k-2(p-r)+1}{2}.\frac{k-2(p-r)+2}{3}\dots\frac{k-p+r-1}{p-r}B^{(m+2r)}\mp\text{etc.}=$$

$$+\frac{n-2p}{1}.\frac{n-2p+1}{2}.\frac{n-2p+2}{3}\dots\frac{n-p-1}{p},$$

le numérateur de la fraction génératrice de la série

$$B^{(m)}+B^{(m+2)}\frac{q}{(1+q)^{m+2}}+B^{(m+4)}\frac{q^2}{(1+q)^{n+4}}+B^{(m+6)}\frac{q^3}{(1+q)^{m+6}}+$$

$$\dots\dots\dots\dots\dots+B^{(m+2p)}\frac{q^p}{(1+q)^{m+2p}}+\text{etc.}$$

est donc égal à

$$1-\frac{n-2}{1}.\frac{q}{(1+q)^2}+\frac{n-4}{1}.\frac{n-3}{2}.\frac{q^2}{(1+q)^4}-\frac{n-6}{1}.\frac{n-5}{2}.\frac{n-4}{3}.\frac{q^3}{(1+q)^6}+$$

$$\dots\dots\dots\dots\dots$$

$$+\frac{n-2p}{1}.\frac{n-2p+1}{2}.\frac{n-2p+2}{3}\dots\frac{n-p-1}{p}.\frac{q^p}{(1+q)^{2p}}\mp\text{etc.}$$

et comme le dénominateur, dont nous avons déjà trouvé la valeur, peut, à cause que p, r, et par conséquent $p-r$, y sont absolument indéterminés, être écrit ainsi

$$1 - \frac{k-2}{1} \cdot \frac{q}{(1+q)^2} + \frac{k-4}{1} \cdot \frac{k-3}{2} \cdot \frac{q^2}{(1+q)^4} - \frac{k-6}{1} \cdot \frac{k-5}{2} \cdot \frac{k-4}{3} \cdot \frac{q^3}{(1+q)^6} +$$

$$\cdots$$

$$+ \frac{k-2p}{1} \cdot \frac{k-2p+1}{2} \cdot \frac{k-2p+2}{3} \cdots \frac{k-p-1}{p} \cdot \frac{q^p}{(1+q)^{2p}} \mp \text{etc.}$$

on aura pour la somme des probabilités que le joueur B se ruinera $\dfrac{1}{(1+q)^m} \times$

$$\frac{\frac{n-2}{1} \cdot \frac{q}{(1+q)^2} + \frac{n-4}{1} \cdot \frac{n-3}{2} \cdot \frac{q^2}{(1+q)^4} - \cdots + \frac{n-2p}{1} \cdot \frac{n-2p+1}{2} \cdot \frac{n-2p+2}{3} \cdots \frac{n-p-1}{p} \cdot \frac{q^p}{(1+q)^{2p}} \mp \text{etc}}{\frac{k-2}{1} \cdot \frac{q}{(1+q)^2} + \frac{k-4}{1} \cdot \frac{k-3}{2} \cdot \frac{q^2}{(1+q)^4} - \cdots + \frac{k-2p}{1} \cdot \frac{k-2p+1}{2} \cdot \frac{k-2p+2}{3} \cdots \frac{k-p-1}{p} \cdot \frac{q^p}{(1+q)^{2p}} \mp \text{etc}}$$

67. En raisonnant comme nous venons de le faire pour le joueur B, à l'égard du joueur C, on trouvera que la somme des probabilités que ce dernier se ruinera, représentée jusqu'à présent par

$$\frac{q^n}{(1+q)^n}\left(C^{(n)} + C^{(n+2)} \frac{q}{(1+q)^2} + C^{(n+4)} \frac{q^2}{(1+q)^4} + C^{(n+6)} \frac{q^3}{(1+q)^6} + \cdots \right.$$

$$\left. \cdots + C^{(n+2p)} \frac{q^p}{(1+q)^{2p}} + \text{etc.} \right)$$

est égale à $\dfrac{q^n}{(1+q)^n} \times$

$$\frac{\frac{m-2}{1} \cdot \frac{q}{(1+q)^2} + \frac{m-4}{1} \cdot \frac{m-3}{2} \cdot \frac{q^2}{(1+q)^4} - \cdots + \frac{m-2p}{1} \cdot \frac{m-2p+1}{2} \cdot \frac{m-2p+2}{3} \cdots \frac{m-p-1}{p} \cdot \frac{q^p}{(1+q)^{2p}} \mp \text{etc}}{\frac{k-2}{1} \cdot \frac{q}{(1+q)^2} + \frac{k-4}{1} \cdot \frac{k-3}{2} \cdot \frac{q^2}{(1+q)^4} - \cdots + \frac{k-2p}{1} \cdot \frac{k-2p+1}{2} \cdot \frac{k-2p+2}{3} \cdots \frac{k-p-1}{p} \cdot \frac{q^p}{(1+q)^{2p}} \mp \text{etc}}$$

68. Multiplions maintenant en haut et en bas par $(1+q)^{\frac{m+n-1}{k-1}}$ = $(1+q)$ *, les deux valeurs que nous venons de trouver pour ces deux

---

* On s'assurera facilement que cette multiplication suffit pour faire disparaître les fractions contenues dans les numérateurs et dans le dénominateur commun de ces deux quantités, si l'on fait attention que 2 p qui représente l'exposant de 1 + q, dans

sommes de probabilités, la première deviendra

$$+q)^{n-1} - \frac{n-2}{1}q(1+q)^{n-3} + \frac{n-4}{1}\cdot\frac{n-3}{2}q^2(1+q)^{n-5} - \cdots + \frac{n-2p}{1}\cdot\frac{n-2p+1}{2}\cdot\frac{n-2p+2}{3}\cdots\frac{n-p-1}{p}q^p(1+q)^{n-2p-1} \mp \text{etc.}$$

$$(1+q)^{k-1} - \frac{k-2}{1}q(1+q)^{k-3} + \frac{k-4}{1}\cdot\frac{k-3}{2}q^2(1+q)^{k-5} - \cdots + \frac{k-2p}{1}\cdot\frac{k-2p+1}{2}\cdot\frac{k-2p+2}{3}\cdots\frac{k-p-1}{p}q^p(1+q)^{k-2p-1} \mp \text{etc.}$$

et la seconde

$$(1+q)^{m-1} - \frac{m-2}{1}q(1+q)^{m-3} + \frac{m-4}{1}\cdot\frac{m-3}{2}q^2(1+q)^{m-5} - \cdots + \frac{m-2p}{1}\cdot\frac{m-2p+1}{2}\cdot\frac{m-2p+2}{3}\cdots\frac{m-p-1}{p}q^p(1+q)^{m-2p-1} \mp \text{etc.}$$

$$\times \quad \frac{}{(1+q)^{k-1} - \frac{k-2}{1}q(1+q)^{k-3} + \frac{k-4}{1}\cdot\frac{k-3}{2}q^2(1+q)^{k-5} - \cdots + \frac{k-2p}{1}\cdot\frac{k-2p+1}{2}\cdot\frac{k-2p+2}{3}\cdots\frac{k-p-1}{p}q^p(1+q)^{k-2p-1} \mp \text{etc.}}$$

Les numérateurs et le dénominateur commun de ces nouvelles valeurs, étant des cas particuliers de la formule

$$(1+q)^{x-1} - \frac{x-2}{1}q(1+q)^{x-3} + \frac{x-4}{1}\cdot\frac{x-3}{2}q^2(1+q)^{x-5} - \frac{x-6}{1}\cdot\frac{x-5}{2}\cdot\frac{x-4}{3}q^3(1+q)^{x-7} +$$

$$\cdots \mp \frac{x-2p}{1}\cdot\frac{x-2p+1}{2}\cdot\frac{x-2p+2}{3}\cdots\frac{x-p-1}{p}q^p(1+q)^{x-2p-1} \mp \text{etc.},$$

voyons d'abord si cette dernière ne pourrait pas se réduire à une forme plus simple.

69. En renversant l'ordre des facteurs dont sont composés les numérateurs des coëfficiens de ses différens termes, et en développant les puissances de $1+q$, on mettra d'abord cette quantité sous la forme suivante :

leurs termes généraux

$$\frac{n-2p}{1}\cdot\frac{n-2p+1}{2}\cdot\frac{n-2p+2}{3}\cdots\cdots\frac{n-p-1}{p}\cdot\frac{q^p}{(1+q)^{2p}},$$

$$\frac{m-2p}{1}\cdot\frac{m-2p+1}{2}\cdot\frac{m-2p+2}{3}\cdots\cdots\frac{m-p-1}{p}\cdot\frac{q^p}{(1+q)^{2p}}, \text{ et}$$

$$\frac{k-2p}{1}\cdot\frac{k-2p+1}{2}\cdot\frac{k-2p+2}{3}\cdots\cdots\frac{k-p-1}{p}\cdot\frac{q^p}{(1+q)^{2p}},$$

doit être nécessairement plus petit que n dans le premier, que m dans le second, et que k dans le troisième, pour que les coëfficiens de ces termes ne s'évanouissent pas.

$$1 + \frac{x-1}{1}q + \frac{x-1}{1}\cdot\frac{x-2}{2}q^2 + \frac{x-1}{1}\cdot\frac{x-2}{2}\cdot\frac{x-3}{3}q^3 + \cdots + \frac{x-1}{1}\cdot\frac{x-2}{2}\cdot\frac{x-3}{3}\cdot\frac{x-4}{4}\cdots\frac{x-p}{p}q^p + \text{etc.}$$

$$-\frac{x-2}{1}q - \frac{x-2}{1}\cdot\frac{x-3}{1}q^2 - \frac{x-2}{1}\cdot\frac{x-3}{1}\cdot\frac{x-4}{2}q^3 - \cdots - \frac{x-2}{1}\cdot\frac{x-3}{1}\cdot\frac{x-4}{2}\cdot\frac{x-5}{3}\cdots\frac{x-p-1}{p-1}q^p - \text{etc.}$$

$$+\frac{x-3}{1}\cdot\frac{x-4}{2}q^2 + \frac{x-3}{1}\cdot\frac{x-4}{2}\cdot\frac{x-5}{1}q^3 + \cdots + \frac{x-3}{1}\cdot\frac{x-4}{2}\cdot\frac{x-5}{1}\cdot\frac{x-6}{2}\cdots\frac{x-p-2}{p-2}q^p + \text{etc.}$$

$$-\frac{x-4}{1}\cdot\frac{x-5}{2}\cdot\frac{x-6}{3}q^3 - \cdots - \frac{x-4}{1}\cdot\frac{x-5}{2}\cdot\frac{x-6}{3}\cdot\frac{x-7}{1}\cdots\frac{x-p-3}{p-3}q^p - \text{etc.}$$

$$\cdots\cdots\cdots\cdots\cdots\cdots\cdots\cdots\cdots\cdots$$

$$\cdots\cdots\cdots\cdots\cdots\cdots\cdots\cdots\cdots\cdots$$

$$\pm \frac{x-p-1}{1}\cdot\frac{x-p-2}{2}\cdot\frac{x-p-3}{3}\cdots\frac{x-2p}{p}q^p \pm \text{etc.}$$

$$\mp \text{etc.}$$

on observera ensuite que a et t représentant deux nombres quelconques, on a

$$(1-a)^{-t-1} = 1 + \frac{t+1}{1}a + \frac{t+2}{1}\cdot\frac{t+1}{2}a^2 + \frac{t+3}{1}\cdot\frac{t+2}{2}\cdot\frac{t+1}{3}a^3 + \cdots + \frac{t+p}{1}\cdot\frac{t+p-1}{2}\cdot\frac{t+p-2}{3}\cdots\frac{t+1}{p}a^p + \text{e}$$

$$\text{et } (1-a)^t = 1 - \frac{t}{1}a + \frac{t}{1}\cdot\frac{t-1}{2}a^2 - \frac{t}{1}\cdot\frac{t-1}{2}\cdot\frac{t-2}{3}a^3 + \cdots \pm \frac{t}{1}\cdot\frac{t-1}{2}\cdot\frac{t-2}{3}\cdots\frac{t-p+1}{p}a^p \mp \text{etc.}$$

ces deux équations multipliées l'une par l'autre donnent $(1-a)^{-1}$ ou $\frac{1}{1-a} =$

$$1 + \frac{t+1}{1}a + \frac{t+2}{1}\cdot\frac{t+1}{2}a^2 + \frac{t+3}{1}\cdot\frac{t+2}{2}\cdot\frac{t+1}{3}a^3 + \cdots + \frac{t+p}{1}\cdot\frac{t+p-1}{2}\cdot\frac{t+p-2}{3}\cdot\frac{t+p-3}{4}\cdots\frac{t+1}{p}a^p + \text{et}$$

$$-\frac{t}{1}a - \frac{t+1}{1}\cdot\frac{t}{1}a^2 - \frac{t+2}{1}\cdot\frac{t+1}{2}\cdot\frac{t}{1}a^3 - \cdots - \frac{t+p-1}{1}\cdot\frac{t+p-2}{2}\cdot\frac{t+p-3}{3}\cdots\frac{t+1}{p-1}\cdot\frac{t}{1}a^p - \text{et}$$

$$+\frac{t}{1}\cdot\frac{t-1}{2}a^2 + \frac{t+1}{1}\cdot\frac{t}{1}\cdot\frac{t-1}{2}a^3 + \cdots + \frac{t+p-2}{1}\cdot\frac{t+p-3}{2}\cdots\frac{t+1}{p-2}\cdot\frac{t}{1}\cdot\frac{t-1}{2}a^p + \text{et}$$

$$-\frac{t}{1}\cdot\frac{t-1}{2}\cdot\frac{t-2}{3}a^3 - \cdots - \frac{t+p-3}{1}\cdots\frac{t+1}{p-3}\cdot\frac{t}{1}\cdot\frac{t-1}{2}\cdot\frac{t-2}{3}a^p - \text{et}$$

$$\cdots\cdots\cdots\cdots\cdots\cdots\cdots\cdots\cdots\cdots$$

$$\cdots\cdots\cdots\cdots\cdots\cdots\cdots\cdots\cdots\cdots$$

$$\pm \frac{t}{1}\cdot\frac{t-1}{2}\cdot\frac{t-2}{3}\cdots\frac{t-p+1}{p}a^p \pm \text{et}$$

$$\mp \text{et}$$

mais on sait que

$$\frac{1}{1-a} = 1 + a + a^2 + a^3 + \cdots\cdots\cdots\cdots + a^p + \text{etc.}$$

ces deux développemens d'une même quantité devant être identiques quelque soit la valeur de a, on en peut déduire cette suite d'équations

$$\frac{t+1}{1} - \frac{t}{1} = 1,$$

$$\frac{t+2}{1} \cdot \frac{t+1}{2} - \frac{t+1}{1} \cdot \frac{t}{1} + \frac{t}{1} \cdot \frac{t-1}{2} = 1,$$

$$\frac{t+3}{1} \cdot \frac{t+2}{2} \cdot \frac{t+1}{3} - \frac{t+2}{1} \cdot \frac{t+1}{2} \cdot \frac{t}{1} + \frac{t+1}{1} \cdot \frac{t}{1} \cdot \frac{t-1}{2} - \frac{t}{1} \cdot \frac{t-1}{2} \cdot \frac{t-2}{3} = 1,$$

. . . .

. . . .

$$\frac{t+p}{1} \cdot \frac{t+p-1}{2} \cdot \frac{t+p-2}{3} \cdot \frac{t+p-3}{4} \cdots \frac{t+1}{p} - \frac{t+p-1}{1} \cdot \frac{t+p-2}{2} \cdot \frac{t+p-3}{3} \cdots \frac{t+1}{p-1} \cdot \frac{t}{1} +$$

$$\frac{t+p-2}{1} \cdot \frac{t+p-3}{2} \cdots \frac{t+1}{p-2} \cdot \frac{t}{1} \cdot \frac{t-1}{2} - \frac{t+p-3}{1} \cdots \frac{t+1}{p-3} \cdot \frac{t}{1} \cdot \frac{t-1}{2} \cdot \frac{t-2}{3} +$$

. . . . $\pm \frac{t}{1} \cdot \frac{t-1}{2} \cdot \frac{t-2}{3} \cdots \frac{t-p+1}{p} = 1,$

et ainsi de suite.

70. Ces équations ayant lieu indépendamment les unes des autres, et pour toute valeur de t, on peut supposer

dans la première $t = x - 2$,
dans la seconde $t = x - 3$,
dans la troisième $t = x - 4$,

et en général dans la dernière $t = x - p - 1$, ce qui donne en substituant

$$\frac{x-1}{1} - \frac{x-2}{1} = 1,$$

$$\frac{x-1}{1} \cdot \frac{x-2}{2} - \frac{x-2}{1} \cdot \frac{x-3}{1} + \frac{x-3}{1} \cdot \frac{x-4}{2} = 1,$$

$$\frac{x-1}{1} \cdot \frac{x-2}{2} \cdot \frac{x-3}{3} - \frac{x-2}{1} \cdot \frac{x-3}{1} \cdot \frac{x-4}{2} + \frac{x-3}{1} \cdot \frac{x-4}{2} \cdot \frac{x-5}{1} - \frac{x-4}{1} \cdot \frac{x-5}{2} \cdot \frac{x-6}{3} = 1,$$

. . . .

. . . .

$$\frac{x-1}{1} \cdot \frac{x-2}{2} \cdot \frac{x-3}{3} \cdot \frac{x-4}{4} \cdots \frac{x-p}{p} - \frac{x-2}{1} \cdot \frac{x-3}{1} \cdot \frac{x-4}{2} \cdot \frac{x-5}{3} \cdots \frac{x-p-1}{p-1} +$$

$$\frac{x-3}{1} \cdot \frac{x-4}{2} \cdot \frac{x-5}{1} \cdot \frac{x-6}{2} \cdots \frac{x-p-2}{p-2} - \frac{x-4}{1} \cdot \frac{x-5}{2} \cdot \frac{x-6}{3} \cdot \frac{x-7}{1} \cdots \frac{x-p-3}{p-3} +$$

. . . . $\pm \frac{x-p-1}{1} \cdot \frac{x-p-2}{2} \cdot \frac{x-p-3}{3} \cdots \frac{x-2p}{p} = 1,$ etc.

71. En comparant les premiers membres de ces équations avec les diffé-rentes colonnes de la valeur que nous avons trouvée tout-à-l'heure pour

$$(1+q)^{x-1} - \frac{x-2}{1} q(1+q)^{x-3} + \frac{x-4}{1} \cdot \frac{x-3}{2} q^2(1+q)^{x-5} - \frac{x-6}{1} \cdot \frac{x-5}{2} \cdot \frac{x-4}{3} q^3(1+q)^{x-7} +$$

$$\cdots \pm \frac{x-2p}{1} \cdot \frac{x-2p+1}{2} \cdot \frac{x-2p+2}{3} \cdots \frac{x-p-1}{p} q^p(1+q)^{x-2p-1} \mp \text{etc.}$$

on voit que

$$(1+q)^{x-1} - \frac{x-2}{1} q(1+q)^{x-3} + \frac{x-4}{1} \cdot \frac{x-3}{2} q^2(1+q)^{x-5} - \frac{x-6}{1} \cdot \frac{x-5}{2} \cdot \frac{x-4}{3} q^3(1+q)^{x-7} +$$

$$\cdots \pm \frac{x-2p}{1} \cdot \frac{x-2p+1}{2} \cdot \frac{x-2p+2}{3} \cdots \frac{x-p-1}{p} q^p(1+q)^{x-2p-1} \mp \text{etc.} =$$

$$1 + q + q^2 + q^3 + \cdots \cdots \cdots \cdots + q^{x-1},$$

en faisant successivement $x = n$, $x = m$, et $x = k$, on réduira à une forme très-simple les numérateurs et le dénominateur commun des probabilités trou-vées ci-devant (68), en sorte que la limite des probabilités contraires au joueur B, sera exprimée par

$$\frac{1 + q + q^2 + q^3 + \cdots \cdots \cdots \cdots + q^{n-1}}{1 + q + q^2 + q^3 + \cdots \cdots \cdots \cdots + q^{k-1}},$$

et celle des probabilités contraires au joueur C, par

$$q^n \times \frac{1 + q + q^2 + q^3 + \cdots + q^{m-1}}{1 + q + q^2 + q^3 + \cdots + q^{k-1}} = \frac{q + q^{n+1} + q^{n+2} + q^{n+3} + \cdots + q^{k-1}}{1 + q + q^2 + q^3 + \cdots \cdots + q^{k-1}},$$

parce que $m + n = k$.

72. La somme des deux probabilités que nous venons de calculer, est évi-demment égale à l'unité, c'est-à-dire à la certitude, en sorte qu'on ne peut douter que l'un des joueurs ne finisse par se ruiner. A l'égard de l'avantage que donne au plus riche l'inégalité de leurs fortunes, il faut pour le déterminer supposer tout le reste égal entre les deux joueurs, et par con-séquent $q = 1$. Le numérateur de la première fraction se réduit alors à n unités, parce qu'il contient n termes ; le numérateur de la seconde et le dénominateur commun se réduisent respectivement à m et à k unités, et en se rappelant que $k = m + n$, on voit que les deux fractions deviennent

$$\frac{n}{m+n} \text{ et } \frac{m}{m+n},$$

or $m : n$ est le rapport de la fortune du joueur B à celle du joueur C, la probabilité que chaque joueur, à jeu égal, ruinera son adversaire, est donc en raison directe de sa fortune.

73. Lorsque q n'est pas égal à un, on peut réduire à deux termes le numérateur et le dénominateur de chaque fraction en les multipliant par $q - 1$, on a ainsi $\dfrac{q^n - 1}{q^k - 1}$ pour la probabilité que C ruinera B, et $\dfrac{q^k - q^n}{q^k - 1}$ pour celle que B ruinera C.

74. Si l'on voulait savoir le rapport qui doit exister, à chaque partie, entre les chances favorables à chaque joueur, pour qu'il en résultât en faveur du moins riche, un avantage qui tendît constamment à compenser l'inégalité que met entre eux la différence de leurs fortunes, sans lui donner jamais plus d'espérance qu'il n'en resterait à son adversaire, il faudrait déterminer q de manière qu'il y eût égalité entre les deux fractions

$$\frac{1 + q + q^2 + q^3 + \cdots\cdots q^{n-1}}{1 + q + q^2 + q^3 + \cdots\cdots + q^{k-1}},$$

et

$$\frac{q^n + q^{n+1} + q^{n+2} + q^{n+3} + \cdots + q^{k-1}}{1 + q + q^2 + q^3 + \cdots\cdots\cdots\cdots + q^{k-1}},$$

ce qui se ferait en résolvant l'équation du degré $k - 1$

$$q^{k-1} + q^{k-2} + q^{k-3} + \cdots + q^n - q^{n-1} - q^{n-2} - q^{n-3} - \cdots - 1 = 0.$$

En comparant les deux fractions

$$\frac{q^n - 1}{q^k - 1}, \text{ et } \frac{q^k - q^n}{q^k - 1},$$

on aurait trouvé

$$q^k - 2 q^n + 1 = 0,$$

équation d'une forme plus simple, mais d'un degré plus élevé que la précédente, et qui contient le facteur $q - 1$, étranger à la question.

75. Dans le cas où l'on supposerait infinie la fortune de l'un des deux joueurs, celle par exemple du joueur C, on aurait $n = \frac{1}{0}$. Alors le nombre m restant fini, la fraction $\frac{m}{m+n}$, qui exprime la probabilité que ce joueur se ruinera, s'évanouirait, et la fraction $\frac{n}{m+n}$ qui exprime la probabilité qu'il ruinera son adversaire deviendrait égale à 1, en sorte que cette dernière probabilité équivaudrait à la certitude ; le joueur B se trouverait alors précisément dans le même cas que dans le premier problème que nous avons résolu, où l'on supposait qu'il jouait indifféremment contre tous les joueurs avec lesquels il se trouvait dans le cas de se mesurer. Il est évident,

en

en effet, comme nous l'avons déjà dit (6) , que ces joueurs peuvent alors être considérés comme un seul adversaire dont la fortune serait infinie, et voilà pourquoi le joueur de ce premier problême devait nécessairement se ruiner. Les calculs précédens s'accordent parfaitement avec ces résultats, car nous avons vu que les n premiers termes de la série des B , sont les mêmes que ceux de la série des A , d'où il suit que ces deux séries sont identiques quand $n = \frac{1}{0}$.

76. En supposant toujours le jeu égal , et par conséquent $q = 1$, et faisant $m = n$, comme cela a lieu dans le cas où les deux joueurs sont également riches , les deux fractions $\frac{m}{m+n}$ et $\frac{n}{m+n}$ deviennent égales et se réduisent toutes deux à $\frac{1}{2}$. La probabilité de se ruiner est donc la même pour les deux joueurs ; et comme rien ne diminue la totalité de leurs fortunes, le danger auquel ils s'exposent, doit être regardé comme compensé par l'espérance qu'a chacun d'eux de doubler sa fortune. C'est dans ce sens que j'ai dit (6) que le jeu ne présentait dans ce cas aucun désavantage absolu, quoiqu'il soit toujours imprudent de risquer ainsi tout ce qu'on possède dans la vue de s'enrichir. La même compensation aurait lieu, lorsque les deux joueurs sont inégalement riches, si l'on pouvait regarder la perte de sa fortune comme un malheur proportionnel à la valeur absolue de cette fortune ; car en multipliant la fortune du joueur B par la probabilité de sa ruine , telle qu'elle a été déterminée (72) , et en faisant la même opération à l'égard du joueur C , on trouve deux produits exprimés par la même fraction $\frac{mn}{m+n}$, et par conséquent égaux entr'eux. Mais si le malheur de perdre sa fortune est en général plus sensible , quand cette fortune est plus considérable , ce n'est point dans le rapport de sa valeur absolue , c'est seulement à cause des nouveaux besoins que se font les hommes à mesure qu'ils acquièrent des richesses, du rang qu'ils s'accoutument à occuper dans la société , etc. : considérations dont il est impossible de faire aucune évaluation numérique , et qui me semblent devoir être absolument rejetées de la théorie purement mathématique du jeu , ainsi que je l'ai déjà observé (3). Le malheur qui menace les joueurs , étant le même pour tous les deux , rien ne peut compenser l'avantage de la probabilité qui existe en faveur du plus riche , d'après les calculs précédens et l'expérience constante des résultats ordinaires du jeu *.

APPENDICE.

77. Je m'étais proposé de joindre au Mémoire précédent quelques applications des formules qui y sont démontrées à diverses questions étrangères à la théorie des probabilités , afin de ne laisser aucun doute sur l'utilité qu'on peut retirer de ces formules, dans des recherches très-différentes de celles qui m'y ont conduit ; mais cette utilité ne devant qu'être indiquée

---

* Tout le monde connaît le proverbe trivial, auquel cette expérience a donné lieu

G

dans un ouvrage tel que celui-ci, j'ai pensé qu'il suffisait d'en donner un seul exemple. Une formule connue depuis long-temps, mais dont je n'ai trouvé nulle part de démonstration complette *, m'en a présenté un que j'ai préféré à tout autre, parce qu'il m'a fourni l'occasion d'insister sur les avantages qu'on retirerait de cette formule, si l'on y ramenait, de la manière que je l'expliquerai bientôt, plusieurs théories jusqu'à présent éparses et indépendantes les unes des autres, dans tous les ouvrages qui en traitent.

78. On sait que dans le cas de l'exposant entier et positif, la formule du binome de Newton peut être mise sous cette forme

$$(a+b)^n = a^n + \frac{n}{1} a b (a^{n-2} + b^{n-2}) + \frac{n}{1} \cdot \frac{n-1}{2} a^2 b^2 (a^{n-4} + b^{n-4}) +$$

$$\frac{n}{1} \cdot \frac{n-1}{2} \cdot \frac{n-2}{3} a^3 b^3 (a^{n-6} + b^{n-6}) + \cdots$$

$$+ \frac{n}{1} \cdot \frac{n-1}{2} \cdot \frac{n-2}{3} \cdots \frac{n-p+1}{p} a^p b^p (a^{n-2p} + b^{n-2p}) + \text{etc.} \quad [24],$$

elle donne alors la valeur d'une puissance quelconque de la somme $a+b$, en fonction du produit $a b$ et des sommes de puissances

$$a^n + b^n, \ a^{n-2} + b^{n-2}, \ a^{n-4} + b^{n-4}, \ a^{n-6} + b^{n-6}, \cdots$$

$$\cdots \cdots \cdots \cdots a^{n-2p} + b^{n-2p}, \ \text{etc.}$$

la formule que je me propose de démontrer, donne au contraire la valeur de $a^n + b^n$, en fonction du produit $a b$ et des quantités

$$(a+b)^n, \ (a+b)^{n-2}, \ (a+b)^{n-4}, \ (a+b)^{n-6}, \cdots$$

$$\cdots \cdots \cdots \cdots (a+b)^{n-2p}, \ \text{etc.}$$

sous ce point de vue elle est pour ainsi dire l'inverse de la formule du binome. On trouve aisément par induction que

$$a^n + b^n = (a+b)^n - \frac{n}{1} a b (a+b)^{n-2} + \frac{n}{1} \cdot \frac{n-3}{2} a^2 b^2 (a+b)^{n-4} -$$

$$\frac{n}{1} \cdot \frac{n-5}{2} \cdot \frac{n-4}{3} a^3 b^3 (a+b)^{n-6} + \cdots$$

$$\pm \frac{n}{1} \cdot \frac{n-2p+1}{2} \cdot \frac{n-2p+2}{3} \cdots \frac{n-p-1}{p} a^p b^p (a+b)^{n-2p} \mp \text{etc.} \quad [25] ;$$

pour le démontrer d'une manière complette et générale, nous considérerons le second membre de cette équation comme une fonction de a et de b qu'il s'agit de ramener à une forme plus simple, et le but que nous proposons sera rempli si nous trouvons qu'elle se réduit en effet à $a^n + b^n$.

---

* Castilhon, dans les Mémoires de Berlin, s'est occupé de cette formule, mais la démonstration qu'il en donne, quoique bien supérieure à ce qu'on trouve sur le même sujet dans quelques livres élémentaires, repose entièrement sur un calcul d'induction, dont il est impossible de suivre la marche, et où l'on rencontre à chaque pas des réductions et des transformations dont on ne voit point la cause,

79. En écrivant successivement $n-2, n-4, n-6, \ldots\ldots\ldots n-2p$, etc. à la place de n dans l'équation [24], nous aurons les valeurs de

$$(a+b)^{n-2}, \quad (a+b)^{n-4}, \quad (a+b)^{n-6} \quad \ldots\ldots\ldots \quad (a+b)^{n-2p}, \text{ etc.}$$

et en les substituant, ainsi que celle de $(a+b)^n$, dans la fonction que nous voulons réduire à sa plus simple expression; nous la changerons en

$$a^n + b^n + \frac{n}{1}ab(a^{n-2}+b^{n-2}) + \frac{n}{1}\cdot\frac{n-1}{2}a^2b^2(a^{n-4}+b^{n-4}) + \cdots + \frac{n}{1}\cdot\frac{n-1}{2}\cdot\frac{n-2}{3}\cdots\frac{n-p+1}{p}a^p b^p(a^{n-2p}+b^{n-2p}) + \text{etc.}$$

$$-\frac{n}{1}ab(a^{n-2}+b^{n-2}) - \frac{n}{1}\cdot\frac{n-2}{1}a^2b^2(a^{n-4}+b^{n-4}) - \cdots - \frac{n}{1}\cdot\frac{n-2}{1}\cdot\frac{n-3}{2}\cdot\frac{n-4}{3}\cdots\frac{n-p}{p-1}a^p b^p(a^{n-2p}+b^{n-2p}) - \text{etc.}$$

$$+\frac{n}{1}\cdot\frac{n-3}{2}a^2b^2(a^{n-4}+b^{n-4}) + \cdots + \frac{n}{1}\cdot\frac{n-3}{2}\cdot\frac{n-4}{1}\cdot\frac{n-5}{2}\cdot\frac{n-6}{3}\cdots\frac{n-p-1}{p-2}a^p b^p(a^{n-2p}+b^{n-2p}) + \text{etc.}$$

$$\ldots\ldots\ldots\ldots\ldots\ldots\ldots\ldots\ldots\ldots\ldots$$

$$\pm\frac{n}{1}\cdot\frac{n-2p+1}{2}\cdot\frac{n-2p+2}{3}\cdots\frac{n-p-1}{p}a^p b^p(a^{n-2p}+b^{n-2p}) \pm \text{etc.}$$

$$\mp \text{etc.}$$

que nous représenterons pour abréger par **X**.

80. Si nous reprenons maintenant l'équation [5], que nous en calculions les derniers termes, en faisant successivement $r = 0$, $r = 1$, $r = 2$, $r = 3$, etc. jusqu'à $r = p$, dans le terme général

$$\frac{u+2p-2r}{1} \cdot \frac{u+2p-2r-1}{2} \cdot \frac{u+2p-2r-2}{3} \cdots \frac{u+p-r+1}{p-r} \cdot \frac{m}{1} \cdot \frac{m+2r-1}{2} \cdot \frac{m+2r-2}{3} \cdots \frac{m+r+1}{1}$$

et que nous écrivions les termes ainsi trouvés dans un ordre inverse de celui qui a été suivi dans l'équation [5], nous aurons

$$\frac{u+2p}{1} \cdot \frac{u+2p-1}{2} \cdot \frac{u+2p-2}{3} \cdots \frac{u+p+1}{p} + \frac{u+2p-2}{1} \cdot \frac{u+2p-3}{2} \cdot$$

$$\frac{u+2p-4}{3} \cdots \frac{u+p}{p-1} \cdot \frac{m}{1} + \frac{u+2p-4}{1} \cdot \frac{u+2p-5}{2} \cdot \frac{u+2p-6}{3} \cdots \frac{u+p-1}{p-2} \cdot \frac{m}{1} \cdot \frac{m+3}{2} +$$

$$+ \frac{m}{1} \cdot \frac{m+2p-1}{2} \cdot \frac{m+2p-2}{3} \cdots \frac{m+p+1}{p} =$$

$$\frac{u+m+2p}{1} \cdot \frac{u+m+2p-1}{2} \cdot \frac{u+m+2p-2}{3} \cdots \frac{u+m+p+1}{p}.$$

Supposons $m = -n$, et écrivons les premiers les facteurs où entre cette lettre, il viendra

$$\frac{u+2p}{1} \cdot \frac{u+2p-1}{2} \cdot \frac{u+2p-2}{3} \cdots \frac{u+p+1}{p} - \frac{n}{1} \cdot \frac{u+2p-2}{1} \cdot \frac{u+2p-3}{2}$$

$$\frac{u+2p-4}{3} \cdots \frac{u+p}{p-1} + \frac{n}{1} \cdot \frac{n-3}{2} \cdot \frac{u+2p-4}{1} \cdot \frac{u+2p-5}{2} \cdot \frac{u+2p-6}{3} \cdots \frac{u+p-1}{p-2}$$

$$\pm \frac{n}{1} \cdot \frac{n-2p+1}{2} \cdot \frac{n-2p+2}{3} \cdots \frac{n-p-1}{p} =$$

$$\frac{u+2p-n}{1} \cdot \frac{u+2p-n-1}{2} \cdot \frac{u+2p-n-2}{3} \cdots \frac{u+p-n+1}{p}.$$

La valeur de u étant arbitraire, on peut prendre $u = n - 2p$, ou $u + 2p = n$, le second membre disparaît dans cette supposition par l'évanouissement de son premier facteur, et l'on a

$$\frac{n}{1} \cdot \frac{n-1}{2} \cdot \frac{n-2}{3} \cdots \frac{n-p+1}{p} - \frac{n}{1} \cdot \frac{n-2}{1} \cdot \frac{n-3}{2} \cdot \frac{n-4}{3} \cdots \frac{n-p}{p-1} +$$

$$\frac{n}{1} \cdot \frac{n-3}{2} \cdot \frac{n-4}{1} \cdot \frac{n-5}{2} \cdot \frac{n-6}{3} \cdots \frac{n-p-1}{p-2}$$

$$\pm \frac{n}{1} \cdot \frac{n-2p+1}{2} \cdot \frac{n-2p+2}{3} \cdots \frac{n-p-1}{p} = 0 \quad [26];$$

le premier membre de cette équation étant précisément la même chose que la somme des coëfficiens de $a^p b^p$ ($a^{n-2p} + b^{n-2p}$), dans la valeur que nous venons de trouver (79) pour X, il est évident que la dernière des colonnes que nous avons écrites dans cette valeur est égale à zéro, et comme cette colonne représente toutes les autres, qu'elle donne immédiatement en y supposant successivement $p = 1$, $p = 2$, $p = 3$, etc., jusqu'à $p = \frac{n}{2}$ ou $\frac{n-1}{2}$ suivant que n est pair ou impair, il s'ensuit que la valeur de X se réduit, ainsi que nous nous étions proposé de le démontrer, à $a^n + b^n$.

81. La démonstration précédente n'offrirait que peu d'intétêt, si tout n'annonçait pas que les diverses applications que présente la formule qui en est l'objet, peuvent seules donner à l'algèbre, et particuliérement à la résolution algébrique des équations, toute la perfection dont cette partie des mathématiques est susceptible. On trouve dans tous les ouvrages où elle est traitée avec quelque étendue, la solution des équations réciproques ; des méthodes pour résoudre les équations du troisième degré, et celles des degrés plus élevés dont les racines peuvent être déterminées par les mêmes procédés ; l'examen des cas où ces méthodes deviennent inutiles; des formules pour l'extraction des racines des quantités en partie rationnelles et en partie irrationnelles ou imaginaires etc. Mais on ne met aucune liaison entre ces différens objets, on ne les présente point comme de simples applications d'une même formule, ce qui contribuerait à la fois à en simplifier l'étude, et à les graver plus facilement dans le mémoire. Rien ne serait cependant plus aisé si l'on s'attachait à les déduire de l'équation [25], dont ils sont autant de corollaires immédiats. Cette manière de les considérer m'a paru présenter des résultats trop avantageux pour ne pas entrer ici dans quelques détails qui pourront en donner une idée juste ; mais je dois auparavant dire un mot de l'application de la même formule à la détermination des fonctions symmétriques des deux racines d'une équation quelconque du second degré, $x^2 - gx + h = 0$. En nommant a et b ces deux racines, on aura $a + b = g$, $a b = h$, et toute fonction symmétrique de a et de b pourra être représentée par $a^s b^r + a^r b^s$, pour en trouver la valeur il faudra d'abord supposer dans l'équation [25], $n = s - r$, ce qui donnera

$$a^{s-r} + b^{s-r} = g^{s-r} - \frac{s-r}{1} g^{s-r-2} h + \frac{s-r}{1} \cdot \frac{s-r-3}{2} g^{s-r-4} h^2 -$$

$$\cdot \cdot \cdot \cdot \cdot \cdot \cdot \cdot$$

$$\mp \frac{s-r}{1} \cdot \frac{s-r-2p+1}{2} \cdot \frac{s-r-2p+2}{3} \cdots \frac{s-r-p-1}{p} g^{s-2p} h^p \mp \text{etc.}$$

on multipliera ensuite cette équation par $a^r b^r = h^r$, et l'on aura

$$a^s b^r + a^r b^s = g^{s-r} h^r - \frac{s-r}{1} g^{s-r-2} h^{r+1} + \frac{s-r}{1} \cdot \frac{s-r-3}{2} g^{s-r-4} h^{r+2} -$$

$$\pm \frac{s-r}{1} \cdot \frac{s-r-2p+1}{2} \cdot \frac{s-r-2p+2}{3} \cdots \frac{s-r-p-1}{p} \; g^{s-r-2p} h^{r+p} \mp \text{etc.}$$

Le dernier terme de cette formule se trouve, quand $s-r$ est pair, en faisant $2p = s-r$, ou $p = \frac{s-r}{2}$, ce dernier terme est

$$\pm \frac{s-r}{1} \cdot \frac{1}{2} \cdot \frac{2}{3} \cdot \frac{3}{4} \cdots \frac{\frac{s-r}{2}-1}{\frac{s-r}{2}} \; h^{r+\frac{s-r}{2}} = \pm 2 h^{\frac{s+r}{2}}.$$

Lorsque $s-r$ est impair il faut pour avoir le dernier terme supposer $p = \frac{s-r-1}{2}$, ce qui donne pour la valeur de ce terme

$$\pm \frac{s-r}{1} \cdot \frac{2}{2} \cdot \frac{3}{3} \cdot \frac{4}{4} \cdots \frac{\frac{s-r-1}{2}}{\frac{s-r-1}{2}} \; g \, h^{r+\frac{s-r-1}{2}} = \pm \frac{s-r}{1} g \, h^{\frac{s+r-1}{2}}.$$

Dans l'un et l'autre cas le signe supérieur correspond aux valeurs paires de p, c'est-à-dire à $s-r = 4n$, et à $s-r = 4n+1$, tandis que l'inférieur a lieu quand p est impair, c'est-à-dire quand $s-r = 4n+2$, ou que $s-r = 4n+3$.

82. Les équations réciproques, considérées sous le point de vue le plus général, sont celles dont le premier membre est une fonction symmétrique et homogène, de l'inconnue et d'une quantité qu'on suppose ordinairement égale à l'unité, mais que nous représenterons par c, pour donner plus de régularité et de généralité au calcul, toute équation réciproque se trouvera ainsi comprise dans la formule

$$x^m + pcx^{m-1} + qc^2 x^{m-2} + \cdots + qc^{m-2}x^2 + pc^{m-1}x + c^m = 0,$$

ou ce qui revient au même

$$x^m + c^m + pcx\left(x^{m-2} + c^{m-2}\right) + qc^2 x^2 \left(x^{m-4} + c^{m-4}\right) + \text{etc.} = 0.$$

La forme de cette équation fait voir qu'elle est divisible par $x+c$ toutes les fois que m est impair; et comme le quotient est une équation réciproque dont le degré est pair, il s'en suit que la solution générale des équations de ce genre, est ramenée à celle des équations réciproques de degré pair, qui sont toutes représentées par la formule

$$x^{2r} + c^{2r} + pcx\left(x^{2r-2} + c^{2r-2}\right) + qc^2 x^2 \left(x^{2r-4} + c^{2r-4}\right) + \text{etc.} = 0,$$

on réduit la solution de celle-ci à celle des équations du degré r, en la divisant par $c^r x^r$, ce qui donne

$$\frac{x^r}{c^r} + \frac{c^r}{x^r} + p\left(\frac{x^{r-1}}{c^{r-1}} + \frac{c^{r-1}}{x^{r-1}}\right) + q\left(\frac{x^{r-2}}{c^{r-2}} + \frac{c^{r-2}}{x^{r-2}}\right) + \text{etc.} = 0,$$

et en y substituant à la place des quantités

$$\frac{x^r}{c^r} + \frac{c^r}{x^r}, \quad \frac{x^{r-1}}{c^{r-1}} + \frac{c^{r-1}}{x^{r-1}}, \quad \frac{x^{r-2}}{c^{r-2}} + \frac{c^{r-2}}{x^{r-2}}, \text{ etc.}$$

les valeurs qu'on trouve en supposant successivement $n = r$, $n = r - 1$, $n = r - 2$, etc. dans l'équation

$$\frac{x^n}{c^n} + \frac{c^n}{x^n} = \zeta^n - \frac{n}{1}\zeta^{n-2} + \frac{n}{1}\cdot\frac{n-3}{2}\zeta^{n-4} - \frac{n}{1}\cdot\frac{n-5}{2}\cdot\frac{n-4}{3}\zeta^{n-6} +$$

$$\cdots \pm \frac{n}{1}\cdot\frac{n-2p+1}{2}\cdot\frac{n-2p+2}{3}\cdots\frac{n-p-1}{p}\zeta^{n-2p} \mp \text{etc.}$$

qui n'est autre chose que l'équation [25], dans laquelle on a fait $a = \frac{x}{c}$, $b = \frac{c}{x}$ et par conséquent $ab = 1$, et $a + b = \frac{x}{c} + \frac{c}{x}$, quantité que nous avons représentée pour abréger par ζ. L'équation en ζ qui résultera de ces substitutions ne sera que du degré r, moindre de moitié que le degré de l'équation en x; c'est ainsi que la résolution des équations réciproques d'un degré quelconque m, se réduit à celle des équations du degré $\frac{m}{2}$ ou $\frac{m-1}{2}$ suivant que m est pair ou impair, car dès qu'on a les r valeurs de ζ, on trouve $2r$ valeurs de x en vertu de l'équation

$$\frac{x}{c} + \frac{c}{x} = \zeta, \text{ ou } x^2 - \zeta cx + c^2 = 0,$$

et on a en outre $x = -c$ dans le cas où m est impair.

83. En faisant dans l'équation [25] $a^n + b^n = k$, $ab = h$, et $a + b = \zeta$, elle deviendra

$$\zeta^n - \frac{n}{1}h\zeta^{n-2} + \frac{n}{1}\cdot\frac{n-3}{2}h^2\zeta^{n-4} - \frac{n}{1}\cdot\frac{n-5}{2}\cdot\frac{n-4}{3}h^3\zeta^{n-6} + \cdots$$

$$\pm \frac{n}{1}\cdot\frac{n-2p+1}{2}\cdot\frac{n-2p+2}{3}\cdots\frac{n-p-1}{p}h^p\zeta^{n-2p} \mp \text{etc.} = k \,[27];$$

équation entre ζ, h et k, où l'on peut regarder ζ comme l'inconnue. La solution de cette équation est liée avec celle de l'équation dont a ou b représente toutes les racines, et qu'on trouve immédiatement en considérant a^n et b^n comme les deux racines d'une même équation du second degré, et en combinant les deux équations

$$a^n + b^n = k, \; a^n b^n = h^n,$$

ce qui donne

$$a^{2n} - k\,a^n + h^n = 0, \text{ ou } b^{2n} - k\,b^n + h^n = 0, \; [28];$$

on voit en effet que chaque valeur de a ou de b en donne une de ζ, en vertu de l'équation $\zeta = a + b = a + \frac{h}{a}$, et que réciproquement si l'on avait toutes les valeurs de ζ, on trouverait celles de a ou de b en tirant deux de ces dernières de chaque valeur de ζ, par la résolution de l'équation du second degré

$$a^2 - \zeta\,a + h = 0, \text{ ou } b^2 - \zeta\,b + h = 0, \; [29].$$

On ramène ordinairement la solution de l'équation [27] à celle de l'équation [28], parce que cette dernière se réduit à de simples extractions, après qu'on a complétté le quarré dont les deux premiers termes sont $a^{2n} - k\,a^n$, c'est pourquoi l'on regarde comme entièrement résolues les équations de ces deux formes

$$a^{2n} - k\,a^n + h^n = 0,$$

et
$$\zeta^n - \frac{n}{1}\,h\,\zeta^{n-2} + \frac{n}{1}\cdot\frac{n-3}{2}\,h^2\,\zeta^{n-4} - \frac{n}{1}\cdot\frac{n-5}{2}\cdot\frac{n-4}{3}\,h^3\,\zeta^{n-6} +$$

$$\cdots\cdots\cdots\cdots\cdots$$

$$\cdots + \frac{n}{1}\cdot\frac{n-2p+1}{2}\cdot\frac{n-2p+2}{3}\cdots\cdots\frac{n-p-1}{p}\,h^p\,\zeta^{n-2p} + \text{etc.} = k,$$

dont la seconde est sur-tout remarquable en ce qu'elle devient quand $n = 3$,

$$\zeta^3 - 3\,h\,\zeta - k = 0,$$

équation qui renferme toutes celles du troisième degré, après qu'on en a fait évanouir le second terme.

84. C'est ainsi que les formules précédentes conduisent à la solution générale des équations de ce degré, elles donnent également l'expression des racines des équations de degrés impairs dont on peut faire évanouir tous les termes pairs *, et que cette opération ramène aux équations qu'on trouve en supposant successivement $n = 5$, $n = 7$, etc., savoir :

$$\zeta^5 - 5\,h\,\zeta^3 + 5.h^2\,\zeta - k = 0,$$

$$\zeta^7 - 7\,h\,\zeta^5 + 14\,h^2\,\zeta^3 - 7\,h^3\,\zeta - k = 0,$$

etc. etc.

tout cela est bien connu, ainsi que l'inutilité de ce procédé dans le cas auquel on a donné le nom de cas irréductible; les extractions auxquelles on est conduit devenant alors inexécutables, on doit regarder comme absolument illu-

---

* La méthode de Tschirnaüs fournit un moyen bien simple d'y parvenir dans les équations du cinquième degré, l'équation qu'on a à résoudre pour en faire évanouir le second et le quatrième terme ne monte qu'au troisième degré.

soire,

soire, non-seulement la solution de l'équation [27], mais aussi celle de
l'équation [28]. En effet, le but qu'on doit se proposer dans la solution
algébrique des équations, est de trouver une formule qui présente le tableau
d'une suite d'opérations à l'aide desquelles on puisse en calculer toutes les
racines, chacune sous la forme qui lui est propre ; c'est-à-dire, les valeurs exac-
tes des racines rationnelles, et des racines imaginaires à partie réelle rationnelle,
et les valeurs approchées de celles qui sont réelle, irrationnelles, ou imaginaires à partie réelle irrationnelle. Toute expression des racines d'une équation
qui ne remplit pas ce but ne peut être d aucun usage dans la pratique, et
doit être rejetée comme n'indiquant que des opérations inexécutables. C'est
ce qui arrive à l'égard des équations que nous examinons, lorsqu'on est conduit à extraire des racines impaires de quantités en partie réelles et en partie
imaginaires ; l'algèbre qui donne le moyen d'extraire par approximation toutes
sortes de racines d'une quantité réelle, et seulement la racine quarrée d'une
quantité imaginaire, à l'aide des deux formules

$$\sqrt{a + b\sqrt{-1}} = \pm \left(\sqrt{\frac{\sqrt{a^2 + b^2} + a}{2}} + \sqrt{\frac{\sqrt{a^2 + b^2} - a}{2}} \sqrt{-1} \right) [30] \text{ et}$$

$$\sqrt{a - b\sqrt{-1}} = \mp \left(\sqrt{\frac{\sqrt{a^2 + b^2} + a}{2}} - \sqrt{\frac{\sqrt{a^2 + b^2} - a}{2}} \sqrt{-1} \right) [31],$$

n'en présente aucun pour déterminer les autres racines de ces quantités,
indépendamment des équations mêmes dont elles devraient donner la solution ;
ensorte qu'après avoir trouvé les expressions algébriques des racines deman-
dées, on ne peut essayer de les calculer sans être ramené par un cercle
vicieux aux équations mêmes qu'on s'était d'abord proposé de résoudre *.
Après avoir épuisé toutes les combinaisons que ce sujet pouvait présenter,
les mathématiciens se sont accordés à reconnaître que l'on ne devait avoir
dans le cas irréductible, aucun égard aux formules qui expriment les racines
de l'équation [27], et résoudre directement cette équation par la méthode
des diviseurs commensurables ou par les méthodes d'aproximation ; il me
semble qu'ils auraient dû rejeter également les expressions algébriques des
racines des équations de la forme de l'équation [28], puisque ces
expressions contiennent l'indication d'une opération inexécutable, et que si
elles n'ont pas l'inconvénient de donner une quantité réelle sous une forme
imaginaire, elle ont celui de donner une quantité imaginaire qu'on sait être
susceptible d'être ramenée à la forme $a + b\sqrt{-1}$, sous une forme toute
différente, ce qui est aussi nuisible dans la pratique, où l'on ne cherche les

---

* Les tables des sinus offrent à la vérité les mêmes facilités pour ces extractions,
que les tables des logarithmes pour les extractions des racines des quantités réelles.
Mais je ne parle ici que des moyens tirés du calcul ordinaire, qui supplée dans le cas
présent à l'usage de ces dernières tables, et qui ne saurait suppléer à celui des tables
des sinus.

H

racines imaginaires que pour en connaître séparément les deux parties. On
doit donc regarder la solution des équations de la forme $a^{2n} - k a^n + h^n = 0$,
comme incomplette en ce qu'elle ne s'étend point au cas dont nous parlons, et
il paraît que si l'on n'a fait que peu d'attention à cette imperfection d'une méthode qu'on voit par-tout annoncée comme si elle était complette et générale, cela vient de ce que toutes les racines sont alors imaginaires, et qu'on
s'est en général beaucoup moins occupé des moyens de trouver ces racines
sous la forme qui leur est propre, que de ceux qui conduisent à la détermination des racines réelles : voyons si la théorie précédente offrirait quelque
chose de plus satisfaisant à l'égard des équations que nous examinons.

85. La solution de l'équation [28] et celle de l'équation [27], sont telle-
ment dépendantes l'une de l'autre, que dès que la première ne peut plus
servir à déterminer les racines de l'équation [27], il faut au contraire avoir
recours à celle-ci pour trouver les racines de la première. Il suffit au reste de
connaître une seule des racines de l'équation [27], pour trouver toutes celles
de l'équation [28]; on la cherche d'abord par la méthode des diviseurs commensurables, et lorsque l'équation n'a point de racines rationnelles, on a
recours aux méthodes d'approximation ; au moyen de cette valeur de z, et en
résolvant l'équation $a^2 - z a + h = 0$, on en obtient deux a ou b, qui donnent ensuite toutes les autres en les multipliant chacune par les $n - 1$ racines
de l'unité du degré n, qui ne sont pas égales à un. Mais pour appliquer cette
méthode à une équation quelconque du nombre de celles qu'on résout ordinairement à la manière des équations du second degré, il faut d'abord la ramener
à la forme $a^{2n} - k a^n + h^n = 0$, c'est-à-dire, qu'il faut la préparer de manière
que son dernier terme soit une puissance exacte du degré n : sans cette pré-
caution les coëfficiens de l'équation en z seraient irrationnels, ce qui compli-
querait beaucoup la solution de cette équation, et ne donnerait qu'une valeur
approchée dans des cas où l'on peut avoir une expression radicale exacte et
n'indiquant que des opérations exécutables pour la mettre en nombre. Soit
donc $x^{2n} - f x^n + g = 0$, une équation dans laquelle la valeur de x^n est
imaginaire, et dont la solution par la méthode ordinaire devient inutile, il
faudra d'abord voir si n est pair ou impair. Dans le premier cas n étant de la
forme $2^r i$, où i désigne un nombre impair, on fera $x^{2^r} = y$, et par conséquent $x^{2^r i}$
ou $x^n = y^i$, ce qui ramenera la solution de l'équation proposée à celle de l'équation $y^{2i} - f y^i + g = 0$, qu'on obtiendra par la méthode que nous allons
appliquer à l'équation $x^{2n} - f x^n + g = 0$, en y supposant n impair. En
faisant $x = \dfrac{a}{\sqrt[n-1]{1}}$, cette équation devient $\dfrac{a^{2n}}{g^{\frac{2n}{n-1}}} - f \dfrac{a^n}{g^{\frac{n-1}{2}}} + g = 0$, ou

$a^{2n} - f g^{\frac{n-1}{2}} a^n + g^n = 0$, dont le dernier terme est une puissance exacte
du degré n, et qui ne contient que des coëfficiens rationnels, parce que n étant
impair, $\dfrac{n-1}{2}$ est un nombre entier ; on formera donc l'équation en z, qui sera

$$\zeta^n - \frac{n}{1} g \zeta^{n-2} + \frac{n}{1} \cdot \frac{n-3}{2} g^2 \zeta^{n-4} - \frac{n}{1} \cdot \frac{n-5}{2} \cdot \frac{n-4}{3} g^3 \zeta^{n-6} + \cdots \cdots$$

$$\pm \frac{n}{1} \cdot \frac{n-2p+1}{2} \cdot \frac{n-2p+2}{3} \cdots \cdot \frac{n-p-1}{p} g^p \zeta^{n-2p} \mp \text{etc.} = f g^{\frac{n-1}{2}};$$

après qu'on aura trouvé une des valeurs de ζ, et qu'on en aura conclu toutes celles de a, ainsi que nous venons de l'expliquer, on déterminera celles de

x, à l'aide de la formule $x = \dfrac{a}{g^{\frac{n-1}{2n}}}$, ou $x = \dfrac{a}{\sqrt[n]{g^{\frac{n-1}{2}}}}$; le dénominateur

de cette expression est à la verité irrationnel, mais il est toujours facile d'en calculer la valeur réelle, la seule dont on ait besoin, cette valeur réelle est unique

parce que la quantité $g^{\frac{n-1}{2}}$ est rationnelle, et que l'indice n du radical est
impair. Dans le cas où n serait pair, la méthode précédente ne donnerait pas

les valeurs de x, mais seulement celles de x^2, c'est pourquoi l'on ne calcule-
rait que deux de ces valeurs, correspondantes à deux valeurs de u déduites
d'une même valeur de ζ, et on extrairait de chacune r fois la racine quarrée,
par les formules [30] et [31], on aurait ainsi deux valeurs de x qui don-
neraient toutes les autres en les multipliant par les racines de l'unité du
degré n, différentes de un.

86. Le procédé que nous venons d'indiquer, et qui peut seul conduire à
la véritable solution des équations de la forme $x^{2n} - f x^n + g = 0$, lorsque
la valeur qu'elles donnent pour x^n est imaginaire, peut aussi être employé
quand cette valeur est réelle ; mais ce n'est que dans le cas où l'équation en
ζ a un diviseur commensurable, qu'il présente plus d'avantages que la solution
par la méthode ordinaire, il donne alors les valeurs de x sous une forme plus
simple, et dont le calcul est moins compliqué que celui des expressions déduites de cette méthode. On voit en réunissant tout ce que nous venons de dire
que pour résoudre convenablement une équation de la forme $x^{2n} - f x^n + g$
$= 0$, il faut d'abord en tirer la valeur de x^n ; si elle est imaginaire, on ne pourra
employer que la méthode de l'article 85 ; si elle est réelle, il faudra encore se
servir de la même méthode, calculer l'équation en ζ, et chercher si elle aurait
un diviseur commensurable ; ce n'est que dans le cas où l'on n'en trouverait
point, qu'il faudrait avoir recours à la marche indiquée dans tous les livres élémentaires pour résoudre les équations de cette forme. On en obtiendra ainsi
toujours les racines sous la forme la plus simple, et l'on ne sera jamais obligé à
recourir aux méthodes d'extractions des racines des quantités en partie rationnelles et en partie irrationnelles ou imaginaires, qui n'ont été inventées que
pour suppléer autant qu'il était possible aux défauts de la solution ordinaire.
La détermination de ces sortes de racines, quoique devenue inutile à la résolution des équations dont nous parlons, est d'ailleurs trop intéressante en elle-

même pour n'en pas dire un mot ; la méthode que je vais donner pour y parvenir sera une application bien simple de la théorie précédente , elle aura sur la
méthode ordinaire l'avantage d'être vraiment analytique , en ce qu'elle ne
supposera point qu'on connaisse d'avance la forme de ·la racine cherchée ,
comme on a été jusqu'à présent obligé de le faire, sans pouvoir démontrer
que cette forme était la seule qui lui convînt, et qu'il était impossible d'obtenir
un résultat plus satisfaisant en lui assignant une autre forme.

87. Soit la quantité radicale du second degré $a + \sqrt{b}$, qui est réelle ou
imaginaire suivant le signe de b, pour en extraire la racine du degré n, on représentera cette racine par x, et on aura $a + \sqrt{b} = x^n$, ou $b = x^{2n} - 2ax^n + a^2$,
c'est-à-dire, $x^{2n} - 2ax^n + a^2 - b = 0$, équation de la forme de celles
que nous venons de résoudre, mais qui ne conduirait qu'à un cercle vicieux si l'on
en cherchait la solution par la méthode ordinaire ; il ne faudra donc employer
que celle du n°. 85, qui donnera dans tous les cas une valeur de x de la forme
$p + \sqrt{q}$, où p et q seront rationnels seulement quand l'équation en z aura
un diviseur commensurable. Si elle n'en a pas et que b soit positif, le calcul de
l'expression $p + \sqrt{q}$ serait plus difficile que celui de la valeur approchée

de $\sqrt[n]{a + \sqrt{b}}$ par l'extraction immédiate, il sera donc inutile de suivre
cette marche ; mais il n'en sera pas de même dans le cas où b étant négatif,
$a + \sqrt{b}$ serait imaginaire , car elle présente alors le seul moyen de
trouver les diverses racines de cette quantité , sous la forme à laquelle on
doit ramener toutes les imaginaires , ce qui remplit le vide que laissent dans
l'ensemble des opérations arithmétiques, qu'indiquent les différentes formules
usitées en algèbre, l'impossibilité où l'on est de trouver directement les valeurs approchées des deux parties des racines impaires des quantités imaginaires. Il semble qu'on n'a pas encore assez senti , malgré l'usage continuel
qu'on est obligé de faire de ces quantités , qu'elles font une partie essen-
tielle de la théorie du calcul , et que cette théorie ne sera jamais complette ,
tant qu'on n'aura pas des moyens faciles et uniformes de les soumettre aux
mêmes opérations qu'on exécute sur les autres nombres.

88. La dernière application que nous ferons des formules précédentes ,
aura pour objet l'équation [27]. Nous en déduirons des relations très-simples
entre les différentes racines de cette équation, à l'aide desquelles nous
pourrons les calculer toutes , dès que nous en connaîtrons une seule.
Soit t une de valeurs de z, nous aurons pour deux des valeurs de a ou de
b les deux racines de l'équation $a^2 - ta + h = 0$, et nous pourrons pren-

dre indifféremment $a = \dfrac{t \pm \sqrt{t^2 - 4h}}{2}$, b étant alors égal à $\dfrac{t \mp \sqrt{t^2 - 4h}}{2}$,

nous en conclurons $a + b = t$, et $a - b = \pm \sqrt{t^2 - 4h}$; pour avoir les
autres valeurs de a et de b, il faudra multiplier celles que nous venons de
trouver par les racines de l'unité du degré n. et comme on a $z = a + b =$
$a + \dfrac{h}{a}$, on trouvera toutes les valeurs de z en substituant dans cette dernière

équation à la place de a, $\dfrac{t \pm \sqrt{t^2 - 4h}}{2}$ multiplié par les racines n^{mes}. de l'unité;

soit $p + q\sqrt{-1}$ une de ces racines, $p - q\sqrt{-1}$ en sera une autre, et le produit de ces deux racines en sera une troisième ; mais ce produit est réel et positif : il est donc nécessairement égal à l'unité, ce qui réduit la valeur générale de ζ, $\zeta = a (p + q\sqrt{-1}) + \dfrac{h}{a(p + q\sqrt{-1})} =$

$a (p + q\sqrt{-1}) + \dfrac{b}{(p + q\sqrt{-1})}$, à $\zeta = a(p + q\sqrt{-1}) +$

$b(p - q\sqrt{-1}) = p(a + b) + q(a - b)\sqrt{-1} = pt \pm$

$q\sqrt{4h - t^2}$, cette valeur très - simple donnera toutes celles de ζ, en y mettant à la place de p et de q les différentes valeurs représentées par ces lettres : p et q étant des quantités réelles, les valeurs de ζ seront toutes réelles, quelque soit le nombre n, lorsque $4h$ sera plus grand que t^2, c'est-à-dire, toutes les fois que la valeur de

a, $a = \dfrac{t \pm \sqrt{t^2 - 4h}}{2}$, sera imaginaire; si, au contraire, a est réel, t^2 sera

plus grand que $4h$, et ζ sera imaginaire, à moins que $q = 0$, ce qui ne peut avoir lieu que pour deux valeurs, lorsque n est pair, et pour une seule, lorsque ce nombre est impair ; dans ce dernier cas, a sera réel ou imaginaire dans les mêmes circonstances que a^n, d'où il suit qu'alors l'équation en ζ aura toutes ses racines réelles, ou n'en aura qu'une seule, suivant que la valeur de a^n sera imaginaire ou réelle. Ce théorême bien connu, mais pour lequel on a ordinairement recours à la considération des lignes trigonométriques, se trouve ainsi démontré d'une manière purement algébrique et très-simple.

89. Telle est la manière dont il me semble que cette partie de l'algèbre devrait être présentée dans les traités où l'on veut donner une idée juste de toutes les branches de cette science, et s'attacher plutôt à développer quelques principes féconds en conséquences, qu'à offrir isolément des théories dont on n'indique point la liaison ; et qui, quoique très-intéressantes, chacune en particulier, ne se fixent que très-difficilement dans la mémoire de ceux qui les étudient. Il est vrai que pour ramener à l'équation [25] tout ce que nous venons d'en déduire, il faudrait pouvoir démontrer cette équation aussi généralement que nous venons de le faire, sans avoir recours à des formules dépendantes de la théorie des probabilités, dont les commençans n'ont ordinairement aucune idée. Voici une démonstration très-simple qui ne peut rien laisser à desirer à cet égard, et à laquelle j'ai été conduit par le procédé auquel j'avais été obligé d'avoir recours pour réduire à sa forme la plus simple la formule du n.º 69.

90. Après avoir développé la quantité X, comme nous l'avons fait (79), toute la démonstration consiste à faire voir qu'elle se réduit à $a^n + b^n$, c'est-à-dire, à faire voir qu'une colonne quelconque, dont le coëfficient est

représenté en général par

$$\frac{n}{1}\cdot\frac{n-1}{2}\cdot\frac{n-2}{3}\cdot\frac{n-3}{4}\cdots\frac{n-p+1}{p} - \frac{n}{1}\cdot\frac{n-2}{1}\cdot\frac{n-3}{2}\cdot\frac{n-4}{3}\cdots\frac{n-p}{p-1} +$$

$$\frac{n}{1}\cdot\frac{n-3}{2}\cdot\frac{n-4}{1}\cdot\frac{n-5}{2}\cdots\frac{n-p-1}{p-2} - \frac{n}{1}\cdot\frac{n-5}{2}\cdot\frac{n-4}{3}\cdot\frac{n-6}{1}\cdots\frac{n-p-2}{p-3} +$$

$$\cdots\ \pm\ \frac{n}{1}\cdot\frac{n-2p+1}{2}\cdot\frac{n-2p+2}{3}\cdots\frac{n-p-1}{p},$$

s'évanouit, quelque soit la valeur de p. Supprimons le facteur commun $\frac{n}{1}$, et rangeons tous les facteurs des numérateurs de manière que les plus grands dans chaque terme soient toujours les premiers, il s'agira de démontrer que

$$\frac{n-1}{2}\cdot\frac{n-2}{3}\cdot\frac{n-3}{4}\cdots\frac{n-p+1}{p} - \frac{n-2}{1}\cdot\frac{n-3}{2}\cdot\frac{n-4}{3}\cdots\frac{n-p}{p-1} +$$

$$\frac{n-3}{2}\cdot\frac{n-4}{1}\cdot\frac{n-5}{2}\cdots\frac{n-p-1}{p-2} - \frac{n-4}{2}\cdot\frac{n-5}{3}\cdot\frac{n-6}{1}\cdots\frac{n\ \ p-2}{p-3} +$$

$$\cdots\ \pm\ \frac{n-p-1}{2}\cdot\frac{n-p-2}{3}\cdot\frac{n-p-3}{4}\cdots\frac{n-2p+1}{p} = 0,$$

ce qui se fait ainsi : en multipliant l'une par l'autre les deux équations

$$\frac{1}{(1-a)^t}=(1-a)^{-t}=1+\frac{t}{1}a+\frac{t+1}{1}\cdot\frac{t}{2}a^2+\frac{t+2}{1}\cdot\frac{t+1}{2}\cdot\frac{t}{3}a^3+\cdots+\frac{t+p-1}{1}\cdot\frac{t+p-2}{2}\cdot\frac{t+p-3}{3}\cdot\frac{t+p-4}{4}\cdots\frac{t}{p}a^p$$

$$\text{et}\ (1-a)^t=1-\frac{t}{1}a+\frac{t}{1}\cdot\frac{t-1}{2}a^2-\frac{t}{1}\cdot\frac{t-1}{2}\cdot\frac{t-2}{3}a^3+\cdots\pm\frac{t}{1}\cdot\frac{t-1}{2}\cdot\frac{t-2}{3}\cdot\frac{t-3}{4}\cdots\frac{t-p+1}{p}a^p +$$

on a

$$1=1+\frac{t}{1}a+\frac{t+1}{1}\cdot\frac{t}{2}a^2+\frac{t+2}{1}\cdot\frac{t+1}{2}\cdot\frac{t}{3}a^3+\cdots+\frac{t+p-1}{1}\cdot\frac{t+p-2}{2}\cdot\frac{t+p-3}{3}\cdot\frac{t+p-4}{4}\cdots\frac{t}{p}a^p + \text{etc.}$$

$$-\frac{t}{1}a-\frac{t}{1}\cdot\frac{t}{1}a^2-\frac{t+1}{1}\cdot\frac{t}{1}\cdot\frac{t}{1}a^3-\cdots-\frac{t+p-2}{1}\cdot\frac{t+p-3}{2}\cdot\frac{t+p-4}{3}\cdots\frac{t}{p-1}\cdot\frac{t}{1}a^p - \text{etc.}$$

$$+\frac{t}{1}\cdot\frac{t-1}{2}a^2+\frac{t}{1}\cdot\frac{t}{1}\cdot\frac{t-1}{2}a^3+\cdots+\frac{t+p-3}{1}\cdot\frac{t+p-4}{2}\cdots\frac{t}{p-2}\cdot\frac{t}{1}\cdot\frac{t-1}{2}a^p + \text{etc.}$$

$$-\frac{t}{1}\cdot\frac{t-1}{2}\cdot\frac{t-2}{3}a^3-\cdots-\frac{t-p-4}{1}\cdots\frac{t}{p-3}\cdot\frac{t}{1}\cdot\frac{t-1}{2}\cdot\frac{t-2}{3}a^p - \text{etc.}$$

$$\pm\frac{t}{1}\cdot\frac{t-1}{2}\cdot\frac{t-2}{3}\cdot\frac{t-3}{4}\cdots\frac{t-p+1}{p}a^p + \text{etc.}$$

$$\pm\ \text{etc.}$$

cette équation devant être identique, quelques soient les valeurs de a et de t, il faut que toutes les colonnes qui se trouvent après 1 dans le second membre, s'évanouissent d'elles-mêmes, ce qui donne en égalant seulement à zéro celle qui les représente toutes, et en y supprimant le facteur commun $\frac{t}{1}$,

$$\frac{t+p-1}{2} \cdot \frac{t+p-2}{3} \cdot \frac{t+p-3}{4} \cdot \frac{t+p-4}{5} \cdots \frac{t+1}{p} - \frac{t+p-2}{1} \cdot \frac{t+p-3}{2} \cdot \frac{t+p-4}{3} \cdots \frac{t}{p-1} +$$

$$\frac{t+p-3}{1} \cdot \frac{t+p-4}{2} \cdots \frac{t}{p-2} \cdot \frac{t-1}{2} - \frac{t+p-4}{1} \cdots \frac{t}{p-3} \cdot \frac{t-1}{2} \cdot \frac{t-2}{3} +$$

$$\cdots \cdots \cdots \cdots \pm \frac{t-1}{2} \cdot \frac{t-2}{3} \cdot \frac{t-3}{4} \cdots \cdots \frac{t-p+1}{p} = 0.$$

En faisant $t = n - p$, et en changeant l'ordre des facteurs du dénominateur, on verra aisément que cette équation revient à

$$\frac{n-1}{2} \cdot \frac{n-2}{3} \cdot \frac{n-3}{4} \cdots \cdots \frac{n-p+1}{p} - \frac{n-2}{1} \cdot \frac{n-3}{2} \cdot \frac{n-4}{3} \cdots \frac{n-p}{p-1} +$$

$$\frac{n-3}{2} \cdot \frac{n-4}{1} \cdot \frac{n-5}{2} \cdots \cdots \frac{n-p-1}{p-2} - \frac{n-4}{2} \cdot \frac{n-5}{3} \cdot \frac{n-6}{1} \cdots \cdots \frac{n-p-2}{p-3} +$$

$$\cdots \cdots \pm \frac{n-p-1}{2} \cdot \frac{n-p-2}{3} \cdot \frac{n-p-3}{4} \cdots \frac{n-2p+1}{p} = 0,$$

qui est précisément celle qu'il s'agissait de démontrer.

F I N.

.

www.ingramcontent.com/pod-product-compliance
Lightning Source LLC
Chambersburg PA
CBHW070827210326
41520CB00011B/2153